AF410803

ÉLÉMENS

DE

BOTANIQUE MÉDICALE

ET HYGIÉNIQUE.

IMPRIMERIE DE FÉLIX LOCQUIN,
rue Notre-Dame-des-Victoires, n° 16.

ÉLÉMENS
DE BOTANIQUE

MÉDICALE ET HYGIÉNIQUE,

A L'USAGE DES ÉLÈVES VÉTÉRINAIRES,

PAR F. J. J. RIGOT,

Chef des travaux anatomiques à l'École vétérinaire d'Alfort.

PARIS,

BÉCHET JEUNE,

LIBRAIRE DE LA FACULTÉ DE MÉDECINE,

PLACE DE L'ÉCOLE DE MÉDECINE, Nº 4;

BRUXELLES,

AU DÉPÔT DE LA LIBRAIRIE MÉDICALE FRANÇAISE;

AND LONDON,

A. ALEXANDRE, IMPORTER.

OF FRENCH MEDICAL SCIENTIFIC AND LITERARY WORKS,

37, Great Russell street, Bloomsbury.

1831.

AVANT-PROPOS.

Si, en faisant connaître avec autant de précision que possible les caractères et les propriétés médicales, hygiéniques ou vénéneuses, d'un assez grand nombre de végétaux indigènes et exotiques, je suis parvenu à rendre cette partie des études botaniques facile et agréable aux élèves vétérinaires auxquels cet opuscule est spécialement destiné, je goûterai la douce satisfaction qui naît d'un travail utile.

ÉLÉMENS

DE

BOTANIQUE MÉDICALE

ET HYGIÉNIQUE.

PREMIÈRE CLASSE.

ACOTYLÉDONIE.

LES ALGUES.

Ces plantes offrent l'organisation la moins compliquée. Elles consistent en une multitude de filamens ou de lames formés d'une substance homogène gélatineuse ou coriace. Les organes de la fructification sont souvent invisibles et toujours mal déterminés.

Les algues vivent à la surface des terrains humides, ou elles sont flottantes au milieu des eaux douces et salées.

Nous ne ferons connaître qu'une plante de cette famille, la seule qui soit usitée ; encore ne l'est-elle que dans la médecine de l'homme.

1.

Varec vermifuge. *Fucus helminthocortos.*

Cette plante, qui habite les côtes de la Méditerranée et de
l'île de Corse, est formée de filamens grêles, touffus, entre-
lacés, de consistance cartilagineuse, de couleur rouge ou
jaune, qui s'accrochent au moyen de petits crampons dont
ils sont armés. Les botanistes regardent comme organes de
la reproduction les tubercules sessiles dont les rameaux sont
garnis.

La mousse de Corse est un vermifuge très-usité dans la
médecine des enfans.

Observations.

Toutes les plantes rangées dans cette famille contiennent
du mucilage, de l'albumine, une matière colorante et un
principe nommé *mannite*. Plusieurs espèces d'algues sont
employées comme aliment dans quelques provinces voisines
de la mer. Les cendres des *varecs*, et principalement celles
du varec vésiculeux, fournissent la substance simple connue
sous le nom d'*iode*.

LES CHAMPIGNONS.

Les champignons se présentent tantôt sous la forme
de filamens simples ou arborisés; d'autres fois ils consti-
tuent des tubercules, ou des parasols garnis en-dessous de lames rayonnantes, de tubes, de pores ou de
stries. Les champignons sont quelquefois cachés avant
leur développement dans une espèce de bourse nommée
volva. Leur tige est nue ou entourée d'un collier
formé par les débris d'une membrane qui tapisse infé-

rieurement le chapeau. Leur substance, qui n'est presque jamais verte, a tantôt la consistance du liége, comme on le remarque dans les champignons vivaces. D'autres fois elle est molle et mucilagineuse, exemple, les champignons fugaces qui se pourrissent facilement. Tous sont parasites ou croissent dans les lieux humides et ombragés.

Quelques espèces servent d'aliment à l'homme. D'autres, et c'est le plus grand nombre, sont des poisons très-subtils.

Nous nous bornerons à en décrire trois espèces, dont deux sont employées comme comestibles.

AGARIC COMESTIBLE (Champignon de couche). *Agaricus campestris.*

Ce champignon est d'abord arrondi en boule. Il est blanchâtre. Son pédicule est court et plein intérieurement; son chapeau, lisse et glabre en dessus, est garni au-dessous de feuillets rosés, qui deviennent noirâtres en vieillissant. Il croît naturellement sur les pelouses. On l'obtient aussi de culture, en semant du blanc de champignon sur des couches de fumier.

La ressemblance de ce champignon avec la *mannite vénéneuse*, dont le chapeau est verruqueux et à lames blanches, a souvent donné lieu à des méprises funestes.

BOLET AMADOUVIER. *Boletus igniarius.*

Ce champignon est sans pédicule, de couleur ferrugineuse. Sa forme est à peu près celle d'un sabot de cheval, et sa chair, d'abord mollasse, devient dure comme du bois.

C'est avec ce champignon, qui croît communément sur le tronc du chêne et du pommier, que l'on prépare l'amadou ou agaric.

TRUFFE NOIRE. *Tuber cibarium.*

Espèce de tubercule charnu, arrondi, dont l'intérieur est marbré ou veiné.

Les provinces méridionales sont principalement celles qui fournissent les truffes.

LES FOUGÈRES.

Feuilles alternes roulées en volutes avant leur entier développement. Organes de la fructification placés sur la face inférieure des feuilles ou en grappes à leur extrémité, consistant dans des sporules nues ou enveloppées d'une membrane, et quelquefois entourées d'un anneau élastique.

GENRE OSMONDE. — *OSMUNDA.*

Capsules globuleuses bivalves, rapprochées sur le dos des feuilles, ou disposées en grappe à leur extrémité.

OSMONDE ROYALE. *O. regalis.* ♃.

Toutes les feuilles sont radicales, très-grandes, bipennées, à folioles comme tronquées.

Cette plante croît dans les lieux humides et ombragés. Sa racine a été autrefois mise en usage contre un grand nombre de maladies; mais aujourd'hui ce médicament est tout-à-fait tombé dans l'oubli.

GENRE POLYPODE. — *POLYPODIUM.*

Sporules en groupes arrondis, nues ou enveloppées d'une membrane circonscrite par un anneau élastique.

Polypode commun. *P. vulgare.* ♃.

Feuilles profondément pinnatifides; fructification disposée en ligne sur les côtés de la nervure médiane que présente chaque foliole qui est entier.

Le polypode croît sur les murs, les troncs d'arbres et dans les lieux un peu humides; sa racine, qui a une saveur douce et sucrée, ne jouit d'aucune propriété médicale qui puisse en recommander l'emploi.

Polypode fougère male. *P. filix mas.* ♃.

Néphrode, fougère mâle de Richard.

Fructifications arrondies, à capsules ombiliquées dans leur centre, s'ouvrant à la circonférence.

Cette espèce, que M. Richard a rangée dans un genre particulier, habite les localités ombragées. Sa racine, qui a une odeur désagréable et une saveur amère et astringente, est employée comme anthelmintique.

Polypode fougère femelle. *P. filix femina.* ♃.

Feuilles pinnatifides à folioles petites, fortement dentées, et non confluentes.

Cette plante croît dans les mêmes lieux que la précédente, dont elle partage les propriétés.

GENRE DORADILLE. — *ASPLENIUM.*

Fructifications disposées par petites plaques alongées, éparses sur le dos des feuilles, et recouvertes d'une capsule qui part d'une nervure et s'ouvre d'un seul côté.

Doradille, Rue des murailles. *A. ruta muraria.* ♃.

Cette petite espèce est en touffes serrées. Ses feuilles sont décomposées, à folioles cunéiformes, crénelées, imitant les feuilles de la rue officinale.

Elle croît dans les fentes des rochers et des vieux murs.

DORADILLE NOIRE, OU CAPILLAIRE NOIRE. *A. adianthum nigrum.* ♃.

Autre espèce en touffes plus élevées que la précédente, à feuilles longues de six à huit pouces, pinnées et garnies de folioles sessiles et dentées, dont les inférieures sont presque triangulaires.

Elle croît sur les rochers ombragés et humides. On substitue fort souvent les feuilles de ces deux espèces de doradille à celles de la capillaire de Montpellier.

GENRE ADIANTHE ou CAPILLAÎRE.—*ADIANTHUM.*

Fructifications en ligne interrompue sur le bord des feuilles, qui sont roulées de manière à leur servir d'enveloppe.

ADIANTHE OU CAPILLAIRE DE MONTPELLIER. *A. capillus veneris.* ♃.

Toutes les feuilles sont radicales, longues de sept à huit pouces, décomposées en folioles cunéiformes, incisées, dont les divisions sont roulées en-dessous, de manière à envelopper les sporules.

Cette plante croît dans les puits et les fontaines des contrées méridionales. Ses feuilles, d'une odeur et d'une saveur aromatiques, sont employées dans la médecine de l'homme contre les affections catarrhales.

GENRE SCOLOPENDRE. — *SCOLOPENDRIUM.*

Sporules nues en groupes alongés, composés de deux paquets symétriques que sépare un sillon profond.

SCOLOPENDRE OFFICINALE. *S. officinarum.* ♃.

Feuilles d'un pied environ, à limbe entier et ondulé.

Elle croît dans les lieux humides. Ses feuilles ont été recommandées dans la médecine de l'homme contre quelques affections des viscères abdominaux.

GENRE FOUGÈRE. — *PTERIS.*

Fructification en ligne continue, située en-dessous du bord des feuilles.

FOUGÈRE AQUILINE. *P. aquilina.* ♃.

Cette plante est ainsi nommée parce que, lorsqu'on vient à couper sa tige en travers ou obliquement vers sa base, les fibres jaunâtres intérieures représentent grossièrement l'aigle impérial.

Elle peut être avantageusement employée pour faire de la litière aux bestiaux.

Propriétés générales des fougères.

La famille des fougères ne renferme aucune plante vénéneuse. Les propriétés dont jouissent quelques espèces, résident ou dans leurs feuilles qui sont aromatiques, ou dans leurs racines, dont la saveur est amère.

SECONDE CLASSE.

MONOCOTYLÉDONIE.

LES AROIDÉES.

Plantes monocotylédones, hypogynes.

Fleurs hermaphrodites ou unisexuées, portées sur un spadice nu ou entouré d'une spathe monophylle, rarement pourvues d'un périgone; étamines et pistils en nombre variable; ovaire se changeant le plus ordinairement en une baie à une ou plusieurs graines. Ces plantes sont sans tiges.

GENRE GOUET. — *ARUM.*

Spathe ventrue roulée en cornet; spadice claviforme, nu supérieurement, garni inférieurement de fleurs femelles, et de fleurs mâles dans le milieu; baie globuleuse.

GOUET SERPENTAIRE. *A. dracunculus.* ♃

Feuilles digitées, souvent tachées de blanc; spathe d'un rouge-brun à l'intérieur; spadice pointu.

Cette plante croît dans les lieux ombragés du Midi.

GOUET COMMUN OU MACULÉ. *A. vulgare, sive maculatum.* ♃

Racine tubéreuse; feuilles sagittées, souvent tachées de brun; spadice claviforme, blanchâtre au sommet.

On trouve cette plante dans les lieux couverts. Sa racine, en grande partie formée d'amidon, contient, lorsqu'elle est fraîche, un suc âcre et caustique.

GENRE CALLA. — *CALLA.*

Spadice couvert dans toute sa longueur d'étamines et d'ovaires entremêlés; baies multiloculaires et polyspermes.

CALLA DES MARAIS. *C. palustris.* ♃.

Feuilles cordiformes, acuminées; étamines blanches; spathe terminée par une pointe verdâtre en dehors, et blanche en dedans.

On trouve cette plante dans les marais : les bestiaux n'y touchent point.

GENRE ACORE. — *ACORUS.*

Spadice cylindrique, couvert de fleurs hermaphrodites; périgone à six divisions glumacées; six étamines; capsule triangulaire à trois loges.

ACORE AROMATIQUE OU ODORANT. *A. calamus.* ♃.

Racine rampante, noueuse; feuilles étroites, ensiformes et engaînantes; spadice sessile.

On trouve cette plante dans les étangs. Sa racine, d'une odeur et d'une saveur aromatiques, est rangée parmi les substances stimulantes.

Propriétés générales des Aroïdées.

Les racines de la plupart des aroïdées sont formées de fécule amilacée, à laquelle se trouve uni un suc plus ou moins âcre et caustique, dont on peut les priver par la dessiccation, la torréfaction, ou des lavages répétés.

———

LES CYPÉRACÉES.

Plantes monocotylédones, hypogynes.

Fleurs hermaphrodites ou unisexuées; périgone consistant en une simple écaille; trois étamines; un style à deux ou trois stigmates. Le fruit est un petit akène, quelquefois entouré de soies à sa base. Chaume sans nœuds, souvent anguleux; gaines des feuilles entières.

GENRE LAICHE. — *CAREX.*

Fleurs mono ou dioïques disposées en épi. Fleurs femelles, ovaire entouré d'un urcéole qui grandit après la floraison. Style persistant; graines triangulaires.

Ce genre renferme un très-grand nombre d'espèces qui fournissent toutes un fourrage très-dur et de mauvaise qualité.

LAICHE DIOÏQUE. *C. dioica.* ♃.

Epi mâle, droit, cylindrique; épi femelle, plus court et ovale; capsules triangulaires vers le sommet, et dentées sur les angles.

Elle croît dans les prés tourbeux.

LAICHE ÉLEVÉE. *C. maxima.* ♃.

Épis pendans à la maturité; le supérieur mâle et roussâtre. Capsules triangulaires, aiguës, entières.

Cette espèce, la plus grande de toutes, croît dans les bois ombragés et humides.

LAICHE DES SABLES. *C. arenaria.* ♃.

Épi composé d'épillets munis chacun d'une bractée aiguë; capsule ovale, comprimée, fourchue au sommet, et garnie de deux ailes membraneuses.

Cette plante croît dans les sables maritimes qu'elle contribue à fixer par ses racines longues et traçantes.

GENRE CHOIN. — *SCHOENUS*.

Fleurs hermaphrodites en épi, imbriquées d'écailles dont les inférieures sont stériles.

Сноιν ΝΟΙRΑΤRΕ. *S. nigricans*. ♃.

Fleurs en tête brune ou noirâtre ; folioles de la collerette élargies et noirâtres : l'une des deux est courte, et l'autre est terminée par une pointe subulée.

Cette plante, que l'on trouve dans les prés exposés aux inondations, et toutes les autres espèces du même genre, fournissent un fourrage de mauvaise qualité.

GENRE LINAIGRETTE. — *ÉRIOPHORUM*.

Fleurs hermaphrodites en épis imbriqués ; fruit membraneux muni à sa base de plusieurs soies qui grandissent à la maturité.

LINAIGRETTE A LARGES FEUILLES OU A PLUSIEURS ÉPIS. *E. latifolium, sive polystachion*. ♃.

Aigrettes argentées et pendantes à la maturité du fruit ; épis sortant d'une spathe à deux valves lancéolées.

Cette plante est commune dans les marais. Les bestiaux mangent les feuilles, sans les rechercher.

GENRE SCIRPE. — *SCIRPUS*.

Fleurs hermaphrodites, imbriquées d'écailles qui sont toutes fertiles.

SCIRPE DES MARAIS. *S. palustris*. ♃.

Écailles ovales, blanchâtres sur leurs bords, leur nervure

médiane, et marquées de deux bandes brunes. Fruit entouré de quelques poils à la base.

Cette plante croît dans les endroits marécageux. Les chevaux et les vaches sont assez avides du fourrage qu'elle fournit.

SCIRPE DES LACS. *S. lacustris.* ♃.

Cette plante, commune dans les étangs, se distingue à ses écailles brunes, scarieuses, échancrées au sommet, et à ses soies qui sont noirâtres.

Les bestiaux n'y touchent point.

GENRE SOUCHET. — *CYPERUS.*

Fleurs hermaphrodites en épis comprimés, imbriqués d'écailles courbées en carène, et disposées sur deux rangs opposés. Fruit dépourvu de poils à sa base.

SOUCHET LONG. *C. longus.* ♃.

Épillets linéaires pointus et roussâtres; collerette dont trois des folioles sont beaucoup plus longues que les autres.

Cette plante, qui croît dans les marais, est mangée par tous les bestiaux.

SOUCHET COMESTIBLE. *C. esculentus.* ♃.

Racine portant plusieurs tubercules arrondis ou oblongs, brunâtres en dehors; feuilles carénées, d'un vert glauque.

Cette plante, dont les tubercules radicaux peuvent servir à la nourriture de l'homme, croît naturellement dans les parties méridionales de l'Europe.

Propriétés générales des Cypéracées.

Toutes les plantes de cette famille ne jouissent d'aucune propriété médicinale, et ne fournissent qu'un fourrage peu nourrissant, peu savoureux et très-dur, souvent rejeté par les bestiaux.

LES GRAMINÉES.

Plantes monocotylédones, apétales, hypogynes.

De simples écailles membraneuses tiennent lieu d'enveloppes florales. Elles sont disposées ainsi qu'il suit : Glume ou calice extérieur à une ou deux valves; balle ou calice intérieur, *idem*; le plus ordinairement trois étamines; un ou deux styles. Le fruit est un cariopse ou un akène, à endosperme farineux. Tige creuse, entrecoupée par des nœuds; feuilles alternes, à gaines ligulées et fendues.

Une ou deux étamines.

GENRE FLOUVE. — *ANTHOXANTHUM.*

Glume à deux valves inégales; balle à deux valves chargées d'une arête dorsale.

Flouve odorante. *A. odoratum.* ♃.

Épi ovale; feuilles radicales et tiges un peu velues.

Cette plante, qui croît dans les pâturages élevés, fournit un fourrage fin et odorant, très-recherché par tous les bestiaux.

Trois étamines.

GENRE VULPIN. — *ALOPECURUS.*

Balle à une seule valve, munie d'une arête qui part de la base.

Vulpin des champs. *A. agrestis.* ♃.

Épi alongé, cylindrique; balle glabre.

Cette espèce peu élevée fournit un fourrage de bonne qualité; elle croît dans les champs cultivés.

Vulpin des prés. *A. pratensis.* ♃.

Épi plus gros que dans la première espèce; balles ciliées, sans barbes.

Elle est commune dans les pâturages un peu humides, où elle fournit un fourrage assez abondant et de bonne qualité.

Vulpin a feuilles de roseau. *A. arundinaceus.* ♃.

Cette espèce est facile à distinguer à ses feuilles larges, glauques et rudes.

Elle est dure et peu du goût des bestiaux.

Vulpin genouillé. *A. geniculatus.* ♃.

Tige couchée et coudée aux articulations; glume un peu velue au sommet.

Cette plante, d'une végétation précoce, est très-recherchée par les bestiaux; elle croît dans les lieux aquatiques.

Vulpin bulbeux. *A. bulbosus.* ♃.

Ses racines sont bulbeuses; du reste, il a le port du vulpin genouillé, dont il partage les bonnes qualités.

GENRE PHLÉAU ou PHLÉOLE. — *PHLEUM.*

Glume à deux valves tronquées; balle plus courte; fleurs sessiles en épi non rameux.

Phléau des prés. — *P. pratense.* ♃.

·Valves de la glume prolongées en pointe très-longue des deux côtés; balles ciliées.

Cette plante, qui est le *Timothy grass* des Anglais, fournit un des meilleurs fourrages d'Europe, et toute prairie qui en contient beaucoup doit avoir une grande valeur aux yeux d'un cultivateur éclairé.

Phléau noueux. *P. nodosum.* ♃.

Espèce plus petite que la précédente, à tige coudée et à racine bulbeuse.

On la trouve dans les lieux marécageux, où elle est très-recherchée par les bestiaux.

Phléau des Alpes. — *P. alpinum.* ♃.

Épis ovales, noirâtres et hérissés de poils.

On la trouve dans les pâturages élevés des Alpes, où elle fournit un fourrage fin, mais petit et peu abondant.

GENRE ALPISTE. — *Phalaris.*

Glume à deux valves carénées; balle plus courte.

Alpiste phléau. *P. phleoïdes.* ♃.

Valves de la glume munies sur le dos de quelques cils roides.

On trouve cette plante dans les prés secs et les bois; elle donne un fourrage dur.

Alpiste roseau. *P. arundinacea.* ♃.

Feuilles nombreuses, terminées par une pointe ferme.

Cette espèce croît dans les pâturages humides; son fourrage convient principalement aux vaches. Elle fournit une variété panachée que l'on cultive dans les jardins.

Alpiste des Canaries. *P. canariensis.* ☉.

Épi ovale; glume panachée de vert et de blanc.

On trouve cette espèce dans les lieux maritimes de la Provence et du Languedoc, où sa graine sert à nourrir les oiseaux et à faire des bouillies très-estimées.

GENRE PASPALE. — *PASPALE*.

Fleurs unilatérales sur deux rangs; glume à deux valves.

PASPALE PIED DE POULE. *P. dactylon.* ♃.
Cynodon dactylon de Richard.

Tiges rampantes; épillets linéaires et digités.

Cette plante est commune dans tous les endroits sablonneux: on la connaît sous le nom de chiendent, et sa racine est employée dans la médecine de l'homme aux mêmes usages que celle du froment rampant. Ses tiges et ses feuilles sont assez du goût de tous les bestiaux.

GENRE PANIC. — *PANICUM*.

Glume à trois valves, dont une plus petite.

PANIC VERTICILLÉ. *P. verticillatum.* ☉.

Épi garni de filets accrochans.

On trouve cette plante dans les champs cultivés, mais elle y est généralement peu commune.

PANIC VERT. *P. viride.* ☉.

Épis non accrochans, garnis de filets roussâtres.

Les bestiaux aiment beaucoup les feuilles, et les oiseaux les graines de cette plante, qui est aussi peu commune que la précédente dans les champs cultivés.

PANIC D'ITALIE. *P. italicum.* ☉.

Épillets laineux à leur base.

Cette plante, originaire de l'Inde, est cultivée dans le midi de la France, pour ses graines qui servent à nourrir la volaille.

Panic ergot de coq. *P. crusgalli.* ☼.

Épillets alternes; balles hérissées d'aspérités et de longues barbes. Ici les feuilles sont glabres, tandis qu'il existe une rangée de poils à l'origine de leur gaîne dans les trois premières espèces.

Les feuilles de ces espèces de panic, fraîches ou desséchées, forment un assez bon fourrage; les tiges, qui sont généralement grosses et dures, servent à chauffer les fours; et la graine est presque exclusivement employée à nourrir les oiseaux de basse-cour.

GENRE MILLET. — *MILLIUM.*

Balle à deux valves ventrues; glume plus petite; stigmates en pinceau.

Millet a fruits noirs. *M. paradoxum.* ♃.

Balle à valves aristées; graines noires et luisantes.
On trouve cette plante dans les champs des provinces méridionales.

Millet épars. *M. effusum.* ♃.

Balle aiguë sans arêtes; graines jaunes et luisantes.
Ces deux espèces fournissent un fourrage abondant et de bonne qualité dans les localités où elles croissent.

GENRE AGROSTIS. — *AGROSTIS.*

Glume a deux valves, plus grande que la balle qui est quelquefois aristée. Les agrostis diffèrent des avoines par leurs épillets qui sont uniflores; des stipes, parce que jamais l'arête ne part du sommet de la balle, et qu'elle ne persiste pas après la floraison. Les agrostis sans barbes diffèrent des paturins par leurs épillets qui sont uniflores.

1°. Fleurs munies de barbe.

AGROSTIS DES CHAMPS. *A. spica venti.* ☼.

Panicule très-lâche, rougeâtre, à rameaux très-déliés ; balle chargée d'une longue barbe capillaire.

On trouve cette plante dans les prairies sèches et élevées ; elle fournit un fourrage fin de bonne qualité, mais un peu dur.

AGROSTIS DES CHIENS. *A. canina.* ♃.

Valve extérieure de la glume hérissée sur le dos ; valve externe de la balle tridentée et munie d'une arête blanche genouillée.

Elle croît dans les prairies basses et humides ; le fourrage qu'elle y fournit est très-bon.

2°. Fleurs sans barbe.

AGROSTIS TRAÇANTE. *A. stolonifera (fiorin des Anglais).* ♃.

Tige couchée, rameuse, poussant des racines de ses nœuds inférieurs.

Elle est commune dans les champs, les bois ombragés, et sur le bord des fossés humides, où elle fournit un pâturage excellent, mais difficile à faucher. Les Anglais la cultivent avec avantage en prairies artificielles.

AGROSTIS COMMUNE. *A. vulgaris.* ♃.

Glume hérissée de très-petits poils.

Cette espèce, la plus commune de toutes, donne un fourrage fin et bon.

GENRE STIPE. — *STIPA.*

Glume à deux valves acérées ; valve extérieure de la balle surmontée d'une arête articulée à sa base.

Stipe empennée. *S. pennata.* ♃.

Arète plumeuse supérieurement, nue et tortillée à sa base.
Elle croît dans les lieux secs et montueux. On rapporte un
.assez grand nombre de mortalités dans l'espèce du mouton,
dues à l'introduction des barbes de cette plante dans les viscères de ces animaux.

Stipe jonc. *S. juncea.* ♃.

Feuilles jonciformes, glauques, velues intérieurement.
On la trouve dans les lieux secs des provinces du Midi.

Stipe sparte. *S. tenacissima.* ♃.

Feuilles en touffes radicales, devenant cylindriques en
vieillissant.
On la cultive dans le midi de l'Espagne pour faire des cor-
dages, des tapis, des nattes, et même des étoffes.

Stipe tordue. *S. tortilis.* ♃.

Remarquable par ses barbes qui se tortillent et s'entrela-
cent à l'époque de la maturité des graines.
Cette espèce et toutes celles du même genre fournissent
un fourrage de très-mauvaise qualité.

GENRE LAGURIER.— *LAGURUS.*

Glume à deux valves barbues à leur sommet; valve externe de la balle portant trois arètes, deux à son sommet et
une sur le dos.

Lagurier ovale. *L. ovatus.* ☉.

Épi ovale, blanchâtre ou roussâtre et très-velu.
Cette plante est commune dans les champs des contrées
méridionales.

GENRE HOUQUE ou HOULQUE. — *HOLCUS.*

Épillets de deux sortes : les uns mâles sans arètes, les autres hermaphrodites, coriaces, le plus souvent munis d'une arète qui part du réceptacle.

HOUQUE LAINEUSE. *H. lanatus.* ♃.

Fleurs velues; gaînes des feuilles cotonneuses.

HOUQUE MOLLE. *H. mollis.* ♃.

Nœuds des tiges velus; fleurs presque glabres.

Ces deux espèces croissent dans les mêmes localités, et fournissent un fourrage que les bestiaux recherchent avec assez d'avidité.

GENRE EGILOPE. — *OEGILOPS.*

Glume à deux valves coriaces, dont l'externe est garnie à son sommet de trois ou cinq barbes; elle renferme trois fleurs, dont celle du milieu est mâle; balle à deux valves, l'externe divisée en trois ou quatre barbes.

EGILOPE OVALE. *OE. ovata.* ☉.

Feuilles velues et ciliées à leurs bords; glumes striées, un peu velues et toujours chargées de trois barbes.
Elle est commune dans le Midi.

GENRE CANCHE. — *AIRA.*

Glume à deux valves, à deux fleurs hermaphrodites; balle à deux valves, dont l'externe porte une arète genouillée qui part de sa base.

CANCHE BLANCHATRE. *A. canescens.* ☉.

Feuilles jonciformes; glume argentée; barbes renflées en massue.

On trouve cette plante dans les lieux sablonneux. Elle forme un fourrage dur de très-médiocre qualité.

CANCHE TOUFFUE. *A. cœspitosa.* ♃.

Tiges rudes; feuilles striées à leur face supérieure; balle dentée au sommet et velue à sa base.

Elle croît dans les bois et les prés un peu humides; tous les bestiaux la mangent au printemps et la dédaignent en automne.

GENRE SUCRE. — *SACCHARUM.*

Balle laineuse à la base.

SUCRE OFFICINAL. *S. officinarum.*

Feuilles très-grandes, dentelées, avec une nervure médiane blanche; fleurs cachées par une laine très-abondante.

C'est des tiges moelleuses de cette plante que l'on retire le sucre dit de *canne* ou des colonies, dont on connaît les usages extrêmement variés.

GENRE MÉLIQUE. — *MELICA.*

Glume bivalve, renfermant deux fleurs hermaphrodites, plus le rudiment d'une troisième fleur pédicellée.

MÉLIQUE CILIÉE. *M. ciliata.* ♈.

Valve extérieure de chaque fleur fertile, garnie de poils soyeux qui s'étalent à la maturité.

Cette plante habite les coteaux arides du Midi.

MÉLIQUE PENCHÉE. *M. nutans.* ♃.

Glume d'un rouge brun; fleurs ovoïdes en panicule penchée. On la trouve dans les prés et les bois.

Mélique de Sibérie ou élevée. *M. altissima.* ♃.

Espèce très-grande, dont la panicule imite celle des avoines.

Les différentes espèces de *méliques* donnent un fourrage dur.

GENRE SESLERIE. — *SESLERIA.*

Glume bivalve, pointue; balle à deux valves, dont l'externe est à trois pointes et l'interne à deux.

Seslerie bleuatre. — *S. cœrulea.* ♃.

Fleurs en épi oblong, comprimé et bleuâtre.

Cette plante, que l'on trouve sur les montagnes un peu humides, fournit un fourrage très-recherché par les bestiaux.

GENRE DACTYLE. — *DACTYLIS.*

Glume à deux valves carénées et inégales; une des valves de la balle surmontée d'une arète très-courte.

Dactyle pelotonné ou aggloméré. *D. agglomerata.* ♃.

Épillets comprimés, ramassés en pelotons, et tournés du même côté.

Cette plante est une des plus communes de la famille; on la trouve partout. Elle pousse et se renouvelle très-vite, et, pour cette raison, on a proposé d'en former des prairies; mais le foin qu'elle fournit est dur et peu du goût des bestiaux.

GENRE CRETELLE ou CYNOSURE. — *CYNOSURUS.*

Bractée découpée à la base de chaque épillet; glume et balle à deux valves entières.

Cretelle a crête. *C. cristatus.* ♃.

Épillets unilatéraux ; bractées pectinées.

Cette plante fournit un bon fourrage, et sa présence dans le foin indique toujours qu'il provient de prairies sèches et élevées.

Cretelle hérissée. *C. echinatus.* ♃.

Épi hérissé de longues barbes ; bractées en paillettes distiques, et terminées par une barbe.

Elle est commune dans les pâturages du midi de la France.

GENRE IVRAIE. — *LOLIUM.*

Glume à deux valves, l'intérieure petite et souvent avortée ; épillets solitaires, alternes, et appliqués contre l'axe de l'épi, qui est canaliculé.

Ivraie vivace. *L. perenne.* ♃.

Épillets glabres, luisans, comprimés et très-distans.

Cette plante très-commune fournit un fourrage de bonne qualité et abondant, mais un peu dur lorsqu'il est sec. On a conseillé d'en former des prairies, en la semant seule ou en l'associant au trèfle des prés.

Ivraie menue. *L. tenue.* ♃.

Semblable à l'espèce précédente, mais plus grêle dans toutes ses parties, et à épillets moins nombreux.

Elle croît sur les pelouses et le bord des chemins. Ses propriétés économiques sont les mêmes que celles de la première espèce ; mais sa petitesse rendrait sa culture moins avantageuse.

Ivraie enivrante. *L. temulentum.* ☉.

Tiges rudes ; valve extérieure de la glume plus longue

que les fleurs ; épillets courts, pauciflores, souvent barbus.

Cette plante est nuisible dans toute espèce de récolte, parce qu'elle épuise le sol, et qu'elle fournit un grain d'un usage dangereux pour l'homme et les animaux.

IVRAIE MULTIFLORE. *L. multiflorum.* ☉.

Épillets barbus ; tiges presque lisses ; fleurs très-nombreuses.

Cette espèce, que quelques botanistes ne considèrent que comme une variété par excès de nourriture, partage les propriétés de l'ivraie vivace. Une espèce nouvelle, nommée *lolium italicum*, et remarquable par son grand développement, est cultivée avec d'immenses avantages en prairies artificielles dans le midi de l'Europe.

GENRE ELYME. — *ELYMUS.*

Glume à deux valves, quelquefois étalées en forme d'involucre ; épillets géminés ou ternés.

ÉLYME DES SABLES. *E. arenarius.* ♃.

Plante de couleur glauque, à racines grosses et traçantes ; glumes plus longues que les fleurs.

On cultive cette plante dans les dunes pour y fixer les sables mouvans.

ÉLYME DE VIRGINIE. *E. virginicus.* ♃.

Épillets accompagnés de paillettes longues, striées et barbues.

Elle est cultivée pour le même usage que la précédente.

GENRE ORGE. — *HORDEUM.*

Épillets ternés, deux latéraux souvent mâles et pédicellés, celui du milieu sessile et hermaphrodite ; glume divisée en six espèces de paillettes.

Orges hexastiques.

ORGE COMMUNE, ESCOURGEON. *H. vulgare.* ⊛.

Toutes les fleurs sont hermaphrodites, garnies de longues barbes, et disposées sur six rangs, dont deux proéminens.

L'orge est originaire de Russie. Son grain est un de ceux des plantes céréales qui contient le plus de substance nutritive. On l'emploie dans le Midi à la nourriture des chevaux, et dans le Nord à la fabrication de la bière. La farine d'orge est rafraîchissante et nutritive. Le grain fermenté et moulu engraisse les animaux avec une grande rapidité. La paille d'orge est généralement plus dure et moins nourrissante que celle des autres céréales, et beaucoup de bestiaux la refusent lorsqu'elle n'est point mélangée avec d'autre fourrage. Presque partout elle sert à faire de la litière. L'orge, donné en vert aux animaux, leur procure une alimentation saine et rafraîchissante.

L'orge hexastique nu est une autre espèce, différente de celle-ci par ses grains, qui perdent leurs balles au battage.

ORGE A SIX RANGS. *H. hexastichum.* ⊛.

Elle diffère de la précédente par son épi plus court, et formé de six rangées de fleurs égales.

Quelques botanistes ne considèrent cette espèce que comme une variété de la précédente, avec laquelle elle se trouve souvent mélangée. On la lui préfère dans quelques pays, parce qu'elle produit davantage.

Orges distiques.

ORGE A DEUX RANGS. *H. distichum.* ⊛.

Dans les trois fleurs qui sont accolées ensemble, celle du milieu est hermaphrodite et barbue; les deux latérales sont mâles et sans barbes.

Cette espèce, encore connue sous les noms de *pamelle* et *d'orge distique*, présente deux variétés : l'une, nommée orge du Pérou ou orge distique nu, a une paille assez tendre que les vaches mangent avec plus d'avidité que celle de la seconde variété : celle-ci, qui diffère de l'orge nu par l'absence de barbes sur toutes les fleurs, a des grains sucrés et très-propres à faire de l'orge perlé et mondé.

Orge pyramidal ou en éventail. *H. zeocriton.* ☉.

Fleurs disposées en éventail et munies de longues barbes.

Elle est rarement cultivée. Sa paille est très-dure ; mais son grain est un des meilleurs pour manger en gruau ou pour faire de la bière.

Orge des murailles. *H. murinum.* ☉.

Paillettes rudes et ciliées.

Cette plante, très-commune partout, est mangée par les bestiaux quand elle est jeune ; mais ils n'y touchent plus aussitôt que les barbes sont devenues dures.

Orge faux seigle. *H. secalinum.* ☉.

Glumes divisées en paillettes fines, accrochantes et glabres.

Cette espèce croît dans les lieux incultes et les prés. Elle forme un assez bon fourrage lorsqu'elle est coupée avant la floraison ; mais elle a le même inconvénient que la précédente si on attend plus tard.

Orge maritime. *H. maritimum.* ☉.

Elle diffère de l'orge des murailles par ses paillettes non ciliées, de l'orge faux seigle par ses paillettes élargies à leur base, et de ces deux espèces par ses fleurs latérales, qui sont pubescentes.

On la trouve dans le Midi sur le bord de la mer.

GENRE FROMENT. — *TRITICUM.*

Épillets solitaires et opposés sur chaque dent de l'axe de l'épi ; glume multiflore, bivalve ; balle *id.*, barbue ou nue.

FROMENT CULTIVÉ. *T. sativum.* ☉.

Semences convexes d'un côté et sillonnées de l'autre.

Cette plante, cultivée dans presque tous les pays, offre un grand nombre de variétés, fondées sur la présence ou l'absence des barbes, sur la couleur des graines et sur la forme de l'épi. Le grain de froment est, comme on le sait, principalement employé à la nourriture de l'homme, tandis que la fane verte ou sèche forme une partie de la subsistance des animaux domestiques.

FROMENT A ÉPI RAMEUX. *T. compositum.* ☉.

Glumes velues à leur base, et munies de longues barbes ; épi rameux.

Ce froment, auquel la culture fait ordinairement perdre les ramifications de ses épis, fournit un grain de bonne qualité ; mais sa paille est dure et peu appétée par les bestiaux.

FROMENT ÉPEAUTRE. *T. spelta.* ☉.

Balles adhérentes à la graine mûre ; glumes coriaces et tronquées.

On en distingue plusieurs variétés, basées sur la présence ou l'absence des barbes, et sur la couleur de l'épi. L'épeautre est cultivé en France dans les contrées qui avoisinent la Suisse, pour ses grains, qui fournissent une farine peu abondante, mais d'excellent goût. La paille est d'assez bonne qualité, et sert à la nourriture des bestiaux.

FROMENT DE POLOGNE. *T. polonicum.* ☉.

Épis glauques , imparfaitement distiques , et formés de gros épillets à barbes très-longues.

La fane de cette plante est très-dure, même lorsqu'elle est verte.

FROMENT LOCULAR. *T. monoceccum.* ☉.

Glume à valves tridentées , renfermant trois fleurs, dont une seule fertile.

Cette espèce, encore connue sous les noms de *froment uniloculaire*, de petit *épeautre*, est cultivée dans le midi de la France, où ses graines servent à faire de la bière et du gruau.

GENRE SEIGLE. — *SECALE.*

Épillets solitaires, comme ceux du froment, mais ne renfermant que deux fleurs à valves aristées.

SEIGLE CULTIVÉ. *S. cereale.* ☉.

Épillets accompagnés de deux paillettes sétacées, calicinales ; glumes à valves ciliées.

Le grain de seigle est employé, comme celui du froment, principalement à la nourriture de l'homme. Sa paille, qui est généralement dure et peu du goût des bestiaux, est employée à faire des couvertures et de la litière.

GENRE BROME. — *BROMUS.*

Valve extérieure de la balle surmontée d'une arète qui part en dessous du sommet.

BROME SEIGLE. *B. secalinus.* ♃.

Limbe des feuilles garni de poils.

Commun dans les champs, il y fournit un mauvais fourrage.

Brome a gros épi. *B. grossus.* ♃.

Feuilles glabres; balles couvertes de poils blanchâtres, courts et serrés.

On le trouve dans les lieux incultes et sur le bord des chemins.

Brome mou. *B. mollis.* ♃.

Plante dont toutes les parties sont recouvertes d'un duvet blanchâtre.

Elle se trouve abondamment partout. Sa fane est moins dure que celle des deux premières espèces.

Brome des prés. *B. pratensis.* ♃.

Épillets panachés de vert et de pourpre; glumes scarieuses sur les bords.

Il est commun dans les prés. Son fourrage est assez estimé.

Brome des champs. *B. arvensis.* ♃.

Valve externe de la balle échancrée au sommet; épillets verdâtres.

Cette espèce croît dans les mêmes localités que la précédente, dont elle partage les propriétés.

Brome stérile. *B. sterilis.* ♃.

Épillets en panicule très-lâche, et garnis de barbes longues et rudes.

Cette espèce très-commune est mangée avec assez d'avidité par les bestiaux, lorsqu'elle est jeune; mais desséchée, elle ne forme plus qu'un fourrage dur, insipide, et même dangereux.

Brome des toits. *B. tectorum.* ♃.

Epillets linéaires, en panicule ramassée et penchée.

Cette plante croît dans les mêmes lieux que la précédente, dont elle partage les mauvaises qualités.

Brome élancé ou gigantesque. *B. giganteus.* ♃.

Épillets petits, à quatre fleurs, portant de longues arètes presque terminales.

On le trouve dans les prairies ombragées et les bois.

Brome pinné ou corniculé. *B. pinnatus, sive corniculatus* ♃.

Épillets cylindriques, alternes et courbés en forme d'ergot.

On le trouve dans les champs, les prés et les bois. Les feuilles fournissent un bon fourrage ; mais, à l'automne, les tiges deviennent dures, et les bestiaux ne les mangent plus.

GENRE FÉTUQUE. — *FESTUCA.*

Valve externe de la balle munie d'une arète qui part du sommet, ou simplement acérée.

Fétuque ovine. *F. ovina.* ♃.

Tiges nues, tétragones ; feuilles sétacées en touffe ; balles un peu rudes au sommet.

C'est la plante que les moutons aiment le plus, celle qui les engraisse le mieux, en conservant leur vigueur. Son fanage est un peu dur, mais succulent. Elle croît dans les pâturages élevés et découverts.

Fétuque rougeâtre. *F. rubra.* ♃.

Feuilles supérieures velues en dessus ; panicule rougeâtre.

Elle croît dans les endroits secs. Son fourrage, quoique bon, est cependant d'une qualité inférieure à celui fourni par l'espèce précédente.

Fétuque glauque. *F. glauca.* ♃.

Balle velue vers le sommet ; plante de couleur glauque.

On la trouve dans les lieux sablonneux et arides. Le fourrage qu'elle y fournit est un peu dur, mais néanmoins de bonne qualité.

Fétuque élevée. *F. elatior.* ♃.

Feuilles un peu rudes; glumes à valves blanches sur leurs bords.

Elle fournit un excellent fourrage, et les prés dans lesquels on la rencontre abondamment, doivent être très-estimés.

Fétuque dure. *F. diuruscula.* ♃.

Elle diffère de la fétuque ovine par les feuilles pubescentes à leur face supérieure, et par ses balles qui sont constamment lisses.

Ses propriétés économiques sont les mêmes que celles de la fétuque rouge, avec laquelle elle se trouve ordinairement.

Fétuque hétérophylle. *F. heterophylla.* ♃.

Epillets lancéolés, munis d'arètes droites; feuilles radicales sétacées, les supérieures quatre fois plus larges, glabres et rudes.

Cette espèce est commune dans les bois et les lieux couverts, et elle y fournit un fourrage abondant et bon.

Fétuque queue de rat. *F. myurus.* ♂.

Tige glabre; nœuds de couleur purpurine; glume à deux valves inégales; balles couvertes d'aspérités.

Cette espèce, peu élevée, croît dans les lieux les plus arides; sa fane est si dure et ses barbes si piquantes, que les bestiaux la rejettent à l'époque de sa maturité.

Fétuque des prés. *F. pratensis.* ♃.

Epillets composés de sept fleurs et garnis de barbes très-courtes.

Cette plante, qui a un peu l'aspect des bromes, se trouve dans les prairies ; elle y fournit un assez bon fourrage.

GENRE PATURIN. — *POA.*

Balles obtuses, toujours dépourvues d'arête.

Ce genre est nombreux en espèces qui fournissent toutes un excellent fourrage.

PATURIN FLOTTANT. *P. fluitans.* ♃.

Epillets cylindriques, alongés, grêles, lisses et blanchâtres.

On le trouve au milieu des eaux.

PATURIN AQUATIQUE. *P. aquatiqua.* ♃.

Feuilles marquées d'une tache brune à l'origine de leur gaîne.

Il habite les mêmes lieux que le précédent, et donne comme lui un bon fourrage.

PATURIN A TROIS NERVURES. *P. trinervata.* ♃.

Feuilles glauques, garnies d'une membrane à l'entrée de leur gaîne ; valve externe de la balle marquée de trois nervures.

Cette espèce est assez rare en France.

PATURIN BULBEUX. *P. bulbosa.* ♃.

Racine bulbeuse ; valves de la glume frisées.

Il est assez commun dans les pâturages montueux.

PATURIN A FEUILLES ÉTROITES. *P. angustifolia.* ♃.

Feuilles d'une couleur glauque grisâtre, roulées en dessus, lisses et roides.

Il croît dans les champs cultivés et les prés. Son fourrage est dur et de médiocre qualité.

Paturin comprimé. *P. compressa.* ♃.

Tiges comprimées et un peu coudées; balles rougeâtres à leur sommet.

On le trouve dans les endroits arides et sablonneux.

Paturin des prés. *P. pratensis.* ♃.

La membrane qui couronne la gaîne des feuilles est obtuse et comme tronquée.

Il croît dans les prairies élevées; son fourrage est abondant et de bonne qualité.

Paturin des bois. *P. nemoralis.* ♃.

Les nœuds de la tige sont hérissés de fibrilles semblables à des radicules.

On le trouve dans les parties ombragées des bois.

Paturin commun. *P. trivialis.* ♃.

Valve externe des balles portant cinq nervures saillantes.

On le trouve abondamment dans les prairies; il y fournit un bon fourrage.

Paturin annuel. *P. annua.* ☉.

Panicule à rameaux géminés et ouverts, à angle droit.

Cette plante, dont les feuilles sont en gazon et les tiges très-peu élevées, forme d'excellens pâturages dans les localités où elle croît.

Paturin roide. *P. rigida.* ☉.

Epillets très-étroits; tiges fermes, dures et coudées.

Cette plante, qui prend quelquefois une teinte violette, croît dans les lieux arides.

Paturin amourette. *P. eragrostis.* ☉.

Tige couchée à la base; épillets de couleur violette foncée; feuilles souvent hérissées de poils à l'origine de leur
gaîne.

GENRE BRIZE. — *BRIZA.*

Balles à valves ventrues et échancrées en cœur.

Brize majeure ou a gros épillets. *B. maxima.* ☼.

Epillets cordiformes, panachés de vert et de blanc.
Cette plante est commune dans le midi de la France.

Brize vulgaire. *B. media.* ♃.

Panicule à rameaux capillaires et ondulés, soutenant des
épillets ovales, souvent violets à leur base.

Cette plante, qui est encore connue sous les noms d'*a-
mourette* et de *pain d'oiseau*, croît dans les prés secs, sur
les pelouses et les collines. Elle fournit un fourrage court,
insipide, assez recherché par les animaux domestiques, à
l'exception du cheval. Son abondance dans les foins de haut
pré est donc loin d'être avantageuse.

Brize petite. *B. minor.* ☉.

Elle diffère de la précédente par ses feuilles qui sont plus
larges, et dont la supérieure enveloppe la base de la panicule. Ses fleurs ne sont jamais violettes.

GENRE AVOINE. — *AVENA.*

Balle à deux valves pointues, dont l'intérieur porte une
arète genouillée qui part du dos. Cette arète manque dans
quelques variétés.

Les avoines sont de toutes les graminées celles qui fournissent en grain et en paille la nourriture la meilleure et la plus économique pour les animaux domestiques.

AVOINE CULTIVÉE. *A. sativa.* ☼.

Epillets pendans ; valves de la glume striées, blanchâtres à leurs bords et plus longues que les fleurs ; barbes garnies à leur base de poils roussâtres, qui disparaissent souvent par la culture ; graines noires ou blanches, suivant les variétés.

La fane verte d'avoine est du goût de tous les bestiaux. Les vaches qu'on en nourrit fournissent un lait abondant et de bonne qualité. Desséchée, elle n'est mangée que par ces derniers animaux, encore faut-il qu'elle ne soit pas altérée. Le grain d'avoine est presque exclusivement employé à nourrir les animaux domestiques ; dans quelques contrées seulement, on le fait servir à la nourriture de l'homme.

AVOINE FOLLETTE. *A. fatua.* ☼.

Balles garnies à leur base de poils roux qui couvrent toute leur moitié inférieure.

Cette plante nuit aux récoltes, dans lesquelles elle se trouve en grande quantité. Verte, elle est assez du goût des bestiaux ; mais les chevaux refusent de manger son grain, parce qu'il est très-dur et garni de poils.

AVOINE DES PRÉS. *A. pratensis.* ♃.

Valve externe de la glume fendue au sommet ; épillets panachés de blanc et de violet.

Il est à regretter que cette plante ne soit pas plus commune dans les pâturages, parce qu'elle fournit un excellent fourrage.

AVOINE PUBESCENTE. *A. pubescens.* ♃.

Feuilles et pédoncules velus; épillets argentés au sommet.

On la trouve dans les prairies élevées. Le fourrage qu'elle fournit est fin et bon.

AVOINE FRAGILE. *A. fragilis.* ☉.

Fleurs sessiles en épi ; tiges rameuses et coudées.
On la trouve dans les pâturages du Midi.

AVOINE NUE. *A. nuda.* ♃.

Barbes droites; balles se détachant de la graine à la maturité.

On la cultive dans certains pays, où on préfère son grain à celui de la première espèce pour la confection du gruau.

AVOINE DE LOEFLING. *A. lœflingiana.* ☉.

Valve externe des balles terminée par une pointe qui se divise en deux barbes.
Cette espèce est originaire d'Espagne.

AVOINE JAUNATRE. *A. flavescens.* ♃.

Epillets d'un jaune luisant ; axe des fleurs velu.
C'est une des meilleures graminées qui puissent croître dans les prairies sèches.

AVOINE ÉLEVÉE. *A elatior.* ♃.

Epillets de deux fleurs: une fertile à barbe courte, l'autre stérile à barbe longue.
Elle fournit un fourrage des plus abondans et des plus recherchés par les bestiaux, surtout si l'on a le soin de la faucher avant la floraison, afin d'éviter que les tiges ne de-

viennent dures et insipides , comme cela arrive si on attend trop tard.

AVOINE NOUEUSE. A. nodosa. ♃.

Racines en chapelet.
Elle jouit des mêmes propriétés que la précédente.

AVOINE D'ORIENT. A. orientalis. ☉.

Elle ressemble beaucoup pour le port à l'avoine cultivée ; mais elle a les tiges plus élevées et plus grosses. Les graines sont le plus ordinairement blanches.

AVOINE STÉRILE. A. sterilis. ☉.

Balles hérissées de longs poils roux, tombant avant l'entière maturité des graines.
Cette espèce est nuisible dans les champs cultivés.

AVOINE COURTE. A. brevis. ☉.

Plus petite que l'espèce cultivée ; grain très-court.
On la cultive dans les pays montueux et stériles.

GENRE ROSEAU. — *ARUNDO.*

Glume à plusieurs fleurs ; balle revêtue de poils à la base.

ROSEAU CULTIVÉ. A. donax. ♃.

Tige de huit à dix pieds ; feuilles glauques ; panicule purpurine.
Les vaches et les chevaux mangent les feuilles de cette plante lorsqu'elles sont jeunes.

ROSEAU COMMUN. A. phragmites. ♃.

Feuilles denticulées à leurs bords ; panicule d'un pourpre foncé ; poils des balles longs et soyeux.

Cette plante est commune sur le bord des étangs, où elle n'est recherchée par les bestiaux que dans sa jeunesse.

ROSEAU PANACHÉ. *A. variegata.* ♃.

Feuilles panachées de vert et de blanc.

ROSEAU DES SABLES. *A. arenaria.* ♃.

Feuilles piquantes, d'un vert glauque; panicule spiciforme, blanchâtre.

Cette plante, dont les racines tracent beaucoup, est cultivée dans les sables des dunes.

ROSEAU PLUMEUX. *A. calamagrostis.* ♃.

Panicule très-serrée; balles jaunâtres à leur maturité, et garnies de poils soyeux très-abondans.

Cette espèce, qui croît dans les bois, ne peut servir qu'à faire de la litière; il en est à peu près de même de toutes les autres espèces du même genre.

GENRE RIZ. — *ORIZA*.

Balle uniflore; glume à deux valves carénées, l'extérieure striée et barbue; six étamines.

RIZ CULTIVÉ. *O. sativa.* ☉.

Tiges cannelées; feuilles charnues, arondinacées; panicule purpurine, ressemblant à celle du millet, et garnie de longues barbes.

Cette plante, qui ne croît que dans les endroits marécageux, est cultivée dans les Indes, l'Italie et le Levant, pour sa graine, qui fournit, après celle du froment, la nourriture la plus saine et la plus substantielle dont l'homme puisse faire usage.

GENRE NARD. — *NARDUS.*

Glume à deux valves acérées, renfermant une fleur dépourvue de balle; fleurs unilatérales en épi.

NARD SERRÉ. *N. stricta.* ♃.

Tiges menues; feuilles capillaires.
Cette plante est commune dans les montagnes des Vosges.

GENRE SPARTE. — *LYGEUM.*

Balle à une valve roulée en forme de spathe; noix à deux semences, très-velue et indéhiscente.

SPARTE A FEUILLES DE JONC. *L. spartum.* ♃.

Feuilles jonciformes, pointues, fermes et tenaces.

GENRE MAIS. — *ZEA.*

Plante monoïque; fleurs mâles en panicule; fleurs femelles en épi axillaire, recouvert d'une gaîne foliacée; style filiforme, très-long; graines nues, lisses, crustacées à leur surface.

MAïS CULTIVÉ. *Z. sativa.* ⊙.

Semences de couleur blanche, rouge, jaune, violette ou bigarrées, disposées en lignes parallèles à l'axe de l'épi, dans lequel elles sont comme incrustées.

La fane de maïs contient dans sa jeunesse une grande quantité de mucilage sucré; aussi est-ce à cette époque seulement qu'elle fournit aux animaux une nourriture substantielle dont ils sont très-avides, mais qu'il est impossible de conserver. Le grain de maïs peut être employé avec avantage à l'engraissement des bestiaux.

Propriétés générales des Graminées.

Les descriptions qui précèdent ayant suffisamment prouvé quel grand intérêt méritent les graminées, envisagées sous le rapport de l'économie domestique, je dois me borner ici à un simple résumé. Je dis donc que si l'on retranche de cette nombreuse famille le chiendent, dont la racine est employée comme diurétique dans la médecine de l'homme, et l'espèce d'ivraie qui jouit de propriétés malfaisantes, nous ne retrouvons plus parmi les graminées qu'une immense quantité de plantes qui fournissent à l'homme et aux animaux leur principale et leur meilleure nourriture, et dont la culture offre à l'agronome les moyens assurés de développer son industrie et d'augmenter ses richesses agricoles.

LES ASPARAGINÉES ou ASPARAGÉES.

Plantes monocotylédones, périgynes.

Périgone de quatre à huit sépales libres ou adhérens; étamines en même nombre que les parties du périgone, et attachées vers leur milieu; style à trois stigmates ou trois styles; baie globuleuse à trois loges; racine toujours fibreuse.

GENRE ASPERGE. — *ASPARAGUS.*

Périgone à six divisions profondes; baie à trois loges renfermant chacune deux graines.

ASPERGE OFFICINALE. *A. officinalis.* ♃.

Feuilles linéaires, sétacées, disposées par faisceaux, à la base desquels on remarque une stipule; fleurs portées sur des pédoncules articulés dans leur milieu; baie d'un rouge vif.

Cette plante que l'on cultive dans les jardins potagers pour la nourriture de l'homme, n'offre aucun intérêt sous le point de vue médical.

GENRE FRAGON. — *RUSCUS.*

Fleurs dioïques; périgone à six divisions; filamens des étamines réunis en un tube couronné par les anthères dans les fleurs mâles; fleurs femelles; stigmate triangulaire.

Fragon piquant. *R. aculeatus.* ♄.

Feuilles lisses, dures, piquantes et sessiles; fleurs petites, naissant sur la nervure médiane des feuilles.

Cette plante est commune dans les bois ombragés. Sa racine, d'une saveur amère et un peu âcre, est employée comme diurétique dans la médecine de l'homme.

GENRE SMILAX. — *SMILAX.*

Périgone à six divisions; fleurs mâles; six étamines distinctes; fleurs femelles; trois styles; trois stigmates, et une baie à trois loges.

Smilax salsepareille. *S. salsaparilla.* ♃.

Tige articulée, garnie d'aiguillons crochus; feuilles munies à leur base de deux vrilles roulées en spirale.

La racine de salsepareille est mucilagineuse et amère. Dans les circonstances où on prescrit la salsepareille, on l'associe ordinairement avec la *squine*, qui n'est que la racine d'une autre espèce de smilax.

Smilax piquant. *S. aspera.* ♃.

Tiges anguleuses, fléchies en zig-zag et garnies d'épines; feuilles marquetées de taches blanchâtres et épineuses; périgone en étoile.

Cette plante croît dans les provinces méridionales. Sa racine est employée aux mêmes usages que celle de la salsepareille.

GENRE TAMINIER ou TAMME. — *TAMUS.*

Ce genre, qui fait partie de la famille des *Dioscorées,* établie par Brown, est surtout caractérisé par l'ovaire, qui est infère.

Taminier commun. *T. communis.*

Racine tubéreuse, charnue; tiges volubiles; baies rougeâtres, couronnées par le calice.

La racine de cette plante est en grande partie formée d'amidon, auquel se joint un principe âcre et amer qui la rend purgative.

Propriétés générales des Asparaginées.

Les propriétés médicinales dont sont douées les plantes de cette famille, résident particulièrement dans leurs racines qui sont mucilagineuses, et employées comme diurétiques et diaphorétiques.

LES JONCÉES.

Plantes monocotylédones, apétales, périgynes.

Calice à six divisions glumacées, égales ou inégales; ordinairement six étamines; un style; stigmate simple ou divisé; ovaire supère; capsule polysperme à une ou trois loges; périsperme charnu; feuilles alternes vaginées.

GENRE JONC. — *JUNCUS.*

Périanthe à six divisions écailleuses et égales; feuilles glabres, cylindriques ou en carène; trois ou six étamines.

Jonc piquant ou aigu. *J. acutus.* ♃.

Tiges et feuilles terminées par une pointe piquante; fleurs en panicule latérale.

Cette plante croît sur les bords de la mer, dans le midi de la France.

Jonc aggloméré. *J. conglomeratus.* ♃.

Fleurs brunes disposées en peloton latéral.

Dans ces deux espèces, les tiges sont dépourvues de feuilles : toutes celles-ci sont par conséquent radicales.

Jonc articulé. *J. articulatus.* ♃.

Feuilles articulées ; fleurs disposées en panicule terminale. Les tiges sont garnies de feuilles, et noueuses d'espace en espace.

Jonc bulbeux. *J. bulbosus.* ♃.

Feuilles canaliculées ; racine renflée ; tiges garnies de feuilles.

Observations. Quoique les espèces de joncs dont nous venons de tracer les caractères ne soient point usitées en médecine, il importait néanmoins de les faire connaître, parce que leur multiplicité dans le foin indique toujours la médiocrité de ce fourrage, et les localités humides dont il provient.

LES ALISMACÉES.

Plantes monocotylédones, périgynes.

Calice à six divisions ; trois intérieures pétaloïdes ; six à vingt étamines ; pistils et ovaires nombreux ; capsules monospermes, indéhiscentes ; embryon courbé, dépourvu de périsperme.

GENRE BUTOME. — *BUTOMUS.*

Neuf étamines, dont trois placées sur un rang intérieur ;

six styles; six ovaires qui se changent en autant de capsules.

BUTOME A OMBELLE. *B. ombellatus.* ♃.

Fleurs rougeâtres, en ombelle terminale garnie d'une collerette composée de trois pièces.

Cette plante croît dans les marais et sur le bord des ruisseaux : on la connaît vulgairement sous le nom de *jonc fleuri.*

GENRE FLUTEAU. — *ALISMA.*

Six à vingt ovaires se changeant en autant de capsules monospermes et indéhiscentes.

FLUTEAU PLANTAIN D'EAU. *A plantago.* ♃.

Fleurs en plusieurs verticilles au sommet des tiges; capsules triangulaires, disposées circulairement.

On trouve cette plante dans les étangs. Sa racine a été conseillée pour guérir la rage ; mais il est bien prouvé aujourd'hui qu'elle n'a point cette merveilleuse propriété.

FLUTEAU RENONCULE. *A. ranunculoïdes.* ♃.

Capsules nombreuses, pointues, disposées en tête sphérique; feuilles très-petites, épaisses, sans nervures apparentes.
Elle est très-commune dans les lieux aquatiques.

GENRE SAGITTAIRE ou FLECHIÈRE. — *SAGITTARIA.*

Fleurs monoïques, vingt-quatre étamines dans les mâles; fleurs femelles, ovaires placés sur un réceptacle globuleux; capsules monospermes bordées.

SAGITTAIRE EN FLÈCHE. *S. sagittifolia.* ♃.

Fleurs mâles dans les verticilles supérieurs, et femelles dans les inférieurs; feuilles en fer de flèche.

On trouve cette plante dans les fossés, les étangs et sur le bord des rivières, où ses feuilles sont recherchées par les chevaux.

GENRE TRIGLOCHIN. — *TRIGLOCHIN.*

Six étamines très-courtes; style nul; trois ou six ovaires soudés, se changeant en autant de capsules droites et aiguës.

TRIGLOCHIN DES MARAIS. *T. palustre.* ♃.

Hampe grêle, cylindrique; feuilles très-étroites, radicales; capsules linéaires, sillonnées.

Cette plante croît dans les prés humides, où elle altère la qualité du fourrage par sa dureté et son odeur désagréable.

TRIGLOCHIN MARITIME. *T. maritimum.* ♃.

Cette espèce diffère de la précédente par ses feuilles plus larges et plus épaisses, et par ses capsules presque rondes.

On la trouve dans les lieux maritimes des provinces méridionales.

Observations. Cette famille ne renferme aucune plante qui soit usitée en médecine ou en économie domestique, et les espèces dont nous venons d'énumérer les caractères altèrent toujours la qualité du fourrage dans lequel elles abondent.

LES COLCHICACÉES.

Plantes monocotylédones, périgynes.

Périanthe pétaloïde à six divisions, auxquelles six étamines introrses sont opposées et attachées; trois styles, ou un style à trois stigmates; une capsule à trois loges, ou trois capsules uniloculaires; graines pourvues d'un endosperme charnu.

GENRE VERATRE.— *VERATRUM.*

Calice à six divisions glanduleuses à la base; trois pistils; trois capsules alongées, uniloculaires; fleurs polygames en panicule; semences membraneuses.

Veratre blanc. *V. album.* ♃.

Feuilles à nervures parallèles et plissées longitudinalement; fleurs en grappe, d'un blanc verdâtre.

La racine tuberculeuse de cette plante, réduite en poudre, est un drastique des plus violens. Autrefois employée dans la médecine de l'homme, elle n'est plus usitée aujourd'hui. Le veratre blanc est commun dans les pâturages élevés de l'Auvergne, du Dauphiné, du Jura, des Alpes et de la Provence.

Veratre noir. *V. nigrum.* ♃.

Cette espèce diffère de la précédente par ses fleurs d'un rouge noirâtre et ses pédoncules pubescens.

Elle croît dans les pâturages montueux de l'Alsace.

Veratre cévadille. *A sabadilla.* ♃.

Fleurs en épi dirigées d'un seul côté, de couleur pourpre-noirâtre; trois capsules renfermant deux à trois graines oblongues, noirâtres, anguleuses, tronquées à leur sommet.

Cette plante est originaire du Mexique. Ses graines et ses capsules jouissent d'une âcreté violente due à une substance alcaline découverte par MM. Pelletier et Caventou, qui lui ont donné le nom de vératrine. La cévadille est un médicament très-dangereux, dont l'application extérieure ne doit même se faire qu'avec la plus grande circonspection, puisque, employée de cette manière, elle peut encore donner la mort.

GENRE COLCHIQUE. — *COLCHICUM.*

Calice infundibuliforme, à très-long tube, au sommet duquel s'insèrent les étamines; ovaire trifide; capsule ovoïde à trois loges; fleurs partant immédiatement d'un bulbe et naissant avant les feuilles.

COLCHIQUE D'AUTOMNE. *C. autumnale.* ♃.

Bulbe aplati et alongé en appendice d'un côté; étamines et style saillans hors du tube de la fleur qui est de couleur rose.

Cette plante, qui fleurit en automne et ne fructifie qu'au printemps, est très-commune dans le prairies basses et humides. Ses bulbes, en grande partie formés de fécule, contiennent encore un principe âcre essentiellement vénéneux. Un médecin étranger a conseillé un oximel de colchique contre les hydropisies passives.

Propriétés générales des Colchicacées.

Toutes les plantes de cette famille étant essentiellement vénéneuses, elles ne doivent être employées qu'avec la plus grande circonspection, et l'on doit apporter le plus grand soin à enlever des prairies les espèces qu'on y rencontre.

LES LILIACÉES.

Plantes monocotylédones, périgynes.

Périgone simple; pétaloïde à six divisions profondes; six étamines; un ou trois stigmates; capsule triloculaire, trivalve; racine souvent bulbifère.

GENRE LIS. — *LILIUM.*

Divisions du périgone marquées en dedans d'un sillon dont les bords sont denticulés ou glanduleux ; stigmate trigone.

Lis blanc. *L. candidum.* ♃.

Feuilles lancéolées, ondulées, pointues ; fleurs blanches, d'une odeur suave.

Les bulbes de lis, qui contiennent une grande proportion d'amidon et de mucilage, sont employés dans la médecine de l'homme pour former des cataplasmes maturatifs, après avoir été préalablement cuits sous les cendres.

GENRE ALOÈS. —*ALOE.*

Étamines attachées à la base du calice ; stigmate trilobé ; racines fibreuses ; feuilles épaisses, charnues ; fleurs en épis.

Aloès commun. *A. vulgaris.* ♄.

Feuilles ouvertes, courbées à la base, et bordées d'épines écartées.

Aloès soccotrin. *A. soccotrina.* ♄.

Feuilles dressées, bordées de dents très-rapprochées.

La substance purgative connue sous le nom d'*aloès* est fournie par les feuilles de ces deux espèces, et de quelques autres, qui toutes sont exotiques.

GENRE MUSCARI. — *MUSCARI.*

Périgone en grelot à six dents ; capsule à trois angles.

Muscari chevelu. *M. comosum.* ♃.

Fleurs d'un bleu rougeâtre, disposées en épi, et portées sur des pédoncules dont les supérieurs sont colorés.

On trouve cette plante dans les bois et les champs cultivés.

GENRE SCILLE. — *SCILLA*.

Périgone ouvert, ordinairement caduc.

Scille officinale. *S. maritima.* ♃.

Fleurs blanches ouvertes en étoile, accompagnées de bractées réfléchies, se prolongeant en forme d'éperon.

Le bulbe ou ognon de scille, d'une saveur âcre et amère, est un médicament tonique et stimulant, d'une efficacité reconnue dans le traitement des hydropisies passives et des leucophlegmasies.

GENRE AIL. — *ALLIUM*.

Fleurs en ombelle enveloppées d'une spathe à deux valves; étamines à filamens souvent trifurqués au sommet.

Les bulbes des différentes espèces de ce genre contiennent du mucilage, de la fécule, et une huile volatile âcre qui les rend stimulans. Les feuilles et les tiges jouissent des mêmes propriétés.

Ail ognon. *A. cepa.* ♃.

Tige renflée inférieurement; feuilles fistuleuses.

Ail civette. *A. chœnoprasum.* ♃.

Tiges et feuilles filiformes ; fleurs d'un violet pâle, avec une nervure de couleur foncée sur chaque segment; étamines à filets simples.

Ail échalotte. *A. ascalonicum.* ♃.

Étamines alternativement simples et divisées.

AIL CULTIVÉ. *A. sativum.* ♃.

Feuilles planes, linéaires; ombelle arrondie, chargée de bulbilles.

AIL ROCAMBOLE. *A. scorodoprasum.* ♃.

Feuilles crénelées ou ondulées sur les bords; extrémité supérieure de la tige roulée en spirale avant la floraison.

AIL POIREAU. *A. porum.* ♂.

Feuilles alongées et courbées en gouttière.

Propriétés générales des Liliacées.

Les propriétés dont jouissent les plantes de cette famille existent tantôt dans les bulbes, tantôt dans les feuilles, et souvent dans ces deux sortes d'organes à la fois. Les bulbes des Liliacées sont principalement formés d'amidon, auquel se joignent assez généralement une substance amère et un principe âcre volatil, auxquels ils doivent leur action énergique sur l'économie animale; exemple : la scille, l'ail, l'ognon. Dans les aloès, le principe médicamenteux réside dans les feuilles, et consiste en une substance extracto-résineuse éminemment purgative.

LES IRIDÉES.

Plantes monocotylédones, périgynes.

Fleurs renfermées dans une spathe; périgone pétaloïde, à six divisions souvent irrégulières; trois étamines. Le fruit est semblable à celui des Liliacées. Feuilles engaînantes à leur base; racine bulbifère ou rampante.

GENRE IRIS. — *IRIS.*

Périgone à six divisions : trois extérieures, grandes, étalées; trois intérieures, petites et droites; style divisé en trois lanières pétaloïdes.

Iris de Florence. *J. florentina.* ♃.

Fleurs blanches sessiles.

La racine de cette plante répand une odeur de violette très-prononcée : on en prescrit la poudre en opiat dans certaines affections du poumon.

Iris germanique. *J. germanica.* ♃.

Fleurs d'un beau bleu indigo; divisions externes du périgone garnies de poils glanduleux.

Cette plante, que l'on cultive dans tous les jardins, croît naturellement dans les lieux stériles. Sa racine, ou tige souterraine, contient un suc âcre qui la rend émétique et purgative.

Iris des marais. *J. pseudo-acorus.* ♃.

Fleurs jaunes; segmens intérieurs du périgone extrêmement petits; tige fléchie en zig-zag à son sommet.

On trouve cette plante sur le bord des ruisseaux et des étangs ; sa souche est, comme celle de l'espèce précédente, émétique et purgative, mais inusitée.

Iris fétide. *J. fœtidissima.* ♃.

Feuilles d'un vert noirâtre, répandant une mauvaise odeur lorsqu'on les presse entre les doigts.

On trouve cette plante dans différentes localités.

GENRE GLAYEUL. — *GLADIOLUS.*

Périgone en entonnoir, à divisions inégales, presque bilabiées.

GLAYEUL COMMUN. *G. communis.* ♃.

Feuilles engaînantes, ensiformes, striées; fleurs rouges, presque toujours tournées d'un seul côté.

Les cochons aiment beaucoup les racines de cette plante.

GENRE SAFRAN. — *CROCUS.*

Périgone à tube grêle et très-alongé, à six divisions égales; trois stigmates colorés, roulés en cornet.

SAFRAN CULTIVÉ. *C. sativus.* ♃.

Fleurs radicales, violettes, veinées de rouge; stigmates d'un rouge orangé, crénelés à leur sommet.

Le safran est originaire d'Orient; on le cultive dans quelques provinces de la France, pour ses stigmates, qui sont employés en médecine et dans les arts. Les feuilles et les bulbes sont recherchés par tous les bestiaux.

Propriétés générales des Iridées.

C'est surtout dans la racine des Iridées, qui est en grande partie formée de fécule, à laquelle se joint ordinairement un principe âcre et irritant, que nous retrouvons l'analogie la plus frappante de leurs propriétés.

TROISIÈME CLASSE.

DICOTYLÉDONIE.

LES ARISTOLOCHIÉES.

Plantes dicotylédones, apétales, épigynes.

Périgone monophylle, coloré, adhérent à l'ovaire, entier ou divisé; étamines définies; un style; stigmate divisé; fruit multiloculaire et polysperme.

GENRE ARISTOLOCHE. — *ARISTOLOCHIA*.

Périgone tubuleux, prolongé en languette à son limbe; anthères confondues avec le style et le stigmate; capsule à six angles et six loges.

Aristoloche ronde. *A. rotunda.* ♃.

Racine tuberculeuse, arrondie, charnue; languette du périgone ordinairement d'un rouge noirâtre; feuilles cordiformes.

La racine de cette plante, qui croît dans le Midi, a une odeur aromatique assez peu agréable, et une saveur âcre qui décèlent en elle des propriétés stimulantes.

Aristoloche longue. *A. longa.* ♃.

Racines fusiformes, alongées; fleurs noirâtres en leur languette; feuilles réniformes.

La racine de cette plante jouit des mêmes propriétés que celle de l'espèce précédente.

ARISTOLOCHE CLÉMATITE. *A. Clematitis.* ♃.

Feuilles cordiformes, remarquables par les nervures réticulées de leur face inférieure ; fleurs d'un jaune pâle.

Cette plante, que l'on trouve dans les lieux stériles et les décombres, exhale une odeur désagréable ; sa racine jouit de propriétés moins énergiques que celle des espèces précédemment indiquées.

ARISTOLOCHE SERPENTAIRE. *A. serpentaria.* ♃.

Cette plante, qui croît dans la Caroline et la Virginie, a une tige grêle très-peu élevée, des feuilles cordiformes, aiguës, pubescentes, ciliées, et des ovaires laineux.

Sa racine, d'une odeur aromatique camphrée et d'une saveur chaude, possède des propriétés stimulantes très-énergiques.

GENRE AZARET. — *AZARUM.*

Périgone à trois lobes ; douze étamines ; stigmate à six lobes rayonnans ; capsule à six loges.

AZARET D'EUROPE. *A. europœum.* ♃.

Racine brune, rampante ; tiges courtes, terminées par deux feuilles réniformes, coriaces et luisantes ; fleurs d'un rouge brunâtre.

Cette plante croît dans les bois ; ses feuilles et ses racines surtout ont une saveur âcre et sont puissamment émétiques.

Propriétés générales des Aristolochiées.

Dans presque toutes les plantes de cette famille, les racines contiennent un principe aromatique amer et âcre, auquel elles doivent leurs propriétés toniques stimulantes ou émétiques.

LES THYMÉLÉES.

Plantes dicotylédones, apétales, périgynes.

Calice monosépale souvent coloré, tubuleux et partagé; étamines définies; un style; un stigmate; un ovaire supère; fruit monosperme; embryon épispermique.

GENRE DAPHNÉ. — *DAPHNE.*

Périgone tubuleux, à quatre lobes colorés et pubescens; huit étamines; une baie.

DAPHNÉ BOIS GENTIL. *D. mezereum.* ♄.

Arbrisseau dont les feuilles naissent toutes du sommet des rameaux au-dessus des fleurs qui sont roses.

On trouve ce végétal dans les bois élevés.

DAPHNÉ LAURÉOLE. *D. laureola.* ♄.

Fleurs d'un jaune verdâtre, placées dans l'aisselle des feuilles; feuilles éparses, persistantes, coriaces.

Cette espèce croît dans les bois humides.

DAPHNÉ GAROU. *D. gnidium.* ♄.

Feuilles linéaires, acuminées, très-rapprochées, surtout aux extrémités des rameaux; pédoncules et périgones cotonneux.

Le garou croît dans les lieux arides et montueux du Midi.

Propriétés générales des Thymélées.

Les différentes espèces de daphnés, et l'on peut même dire toutes les thymélées, sont des poisons plus ou moins âcres et corrosifs; ces propriétés délétères, que l'on retrouve principalement dans l'écorce, les feuilles et les fruits des végétaux de cette famille, paraissent dues à la présence d'un principe alcalin.

LES LAURINÉES.

Plantes dicotylédones, apétales, périgynes.

Périgone persistant, à six ou huit divisions; six à douze étamines; un style; un stigmate; un drupe à une seule graine dépourvue d'endosperme; fleurs hermaphrodites ou dioïques; feuilles souvent persistantes.

GENRE LAURIER. — *LAURUS.*

Périgone à quatre, cinq ou six lobes; étamines à filets appendiculés.

LAURIER ORDINAIRE OU D'APOLLON. *L. nobilis.* ♃.

Feuilles lancéolées, aiguës, sinuées et luisantes; quatre bractées squammiformes à la base de chaque faisceau de fleurs.

Les feuilles et les fruits du laurier ont une odeur aromatique assez agréable et une saveur amère. Les amandes que contiennent les baies fournissent une huile grasse, verdâtre, dont on ne se sert que rarement dans la médecine des animaux.

LAURIER CAMPHRIER. *L. camphora.* ♃.

Cet arbre, qui croît au Japon, a ses feuilles ovales, arrondies, entières, coriaces et luisantes.

Toutes ses parties contiennent du camphre, que l'on en retire par divers procédés.

LAURIER SASSAFRAS. *L. sassafras.* ♃.

Feuilles de forme variée, pubescentes; calice de couleur violette.

Le sassafras est originaire de l'Amérique septentrionale.

La racine de ce végétal est la partie employée en médecine.

Propriétés générales des Laurinées.

Toutes les plantes de cette famille contiennent de l'huile
volatile qui leur donne une odeur aromatique, suave ou
pénétrante, et les place au premier rang parmi les médicamens excitans.

LES POLYGONÉES.

Plantes dicotylédones, périgynes.

Calice coloré, à cinq ou six divisions; corolle nulle;
étamines déterminées, attachées à la base du calice;
anthères marquées de quatre sillons, s'ouvrant en deux
loges; un ou trois styles; fruit consistant en un cariopse nu ou recouvert par le calice.

GENRE POLYGONE ou RENOUÉE. — *POLYGONUM.*

Cinq à huit étamines; deux ou trois styles; fruit triangulaire, recouvert par le calice.

RENOUÉE DES BUISSONS. *P. dumetorum.* ☉.

Semences à trois ailes saillantes; anthères blanches.
Elle se trouve dans les haies et les bois.

RENOUÉE LISERONNE. *P. convolvulus.* ☉.

Tige volubile; anthères rouges.
Ces deux espèces, qui croissent dans les mêmes localités,
sont mangées avec avidité par tous les bestiaux.

RENOUÉE DES PETITS OISEAUX. *P. aviculare.* ☉.

Stipules blanchâtres, transparentes, déchirées en sommet;
fleurs axillaires.

Cette plante, très-commune, forme un pâturage assez re-cherché par les bestiaux.

Renouée bistorte. *P. bistorta.* ♃.

Fleurs en épi imbriqué d'écailles luisantes ; racine repliée sur elle-même.

La racine de cette plante jouit de propriétés astringentes très-marquées. Ses feuilles sont mangées par presque tous les bestiaux.

Renouée amphibie. *P. amphibium.* ♃.

Cinq étamines plus longues que le calice ; tige articulée.

Cette espèce, qui croît abondamment dans les lieux aqua-tiques, est peu recherchée par les bestiaux.

Renouée sarrazin. *P. fagopyrum.* ☉.

Feuilles sagittées ; semences à angles lisses.

Cette plante est cultivée en grand pour ses graines, qui sont employées dans certains pays à la nourriture de l'homme et des animaux, et principalement à celle des oiseaux de basse-cour.

Renouée de Tartarie. *P. tartaricum.* ☉.

Semences chagrinées sur les angles.

Renouée persicaire. *P. persicaria.* ☉.

Stipules ciliées.

Elle croît dans les lieux humides, où elle est quelquefois mangée par les animaux.

Renouée poivre d'eau. *P. hydropyper.* ♃.

Six étamines ; deux stigmates ; feuilles très-pointues et non tachées.

Les animaux ne mangent jamais cette plante, dont toutes les parties jouissent d'une âcreté que leur enlève une dessiccation long-temps prolongée.

GENRE RUMEX. — *RUMEX.*

Calice turbiné, à six divisions, dont trois intérieures, glanduleuses et persistantes ; trois stigmates rameux et glandulaires.

RUMEX DES ALPES. *R. alpinus.* ♃.

Feuilles cordiformes.

Sa racine est amère et purgative.

RUMEX OSEILLE. *R. acetosa.* ♃.

Feuilles oblongues, sagittées, à oreillettes non divergentes ; rameaux dressés.

Cette espèce et la suivante fournissent un suc acide rafraîchissant.

RUMEX PETITE OSEILLE. *R. acetosella.* ♃.

Feuilles plus petites que dans l'espèce précédente, et presque toutes en rosette sur le sol ; rameaux étalés.

RUMEX CRÊPU. *R. crispus.* ♃.

Feuilles lancéolées, ondulées, et comme frisées à leurs bords.

Cette espèce, connue sous le nom de *parelle*, croît dans les terrains humides. Ses propriétés sont les mêmes que celles de l'espèce suivante.

RUMEX SANGUIN. *R. sanguineus.* ♃.

Tige, pétioles et nervures des feuilles rougeâtres.

Cette espèce, encore nommée *patience rouge*, *sang de dragon*, croît dans les lieux aquatiques. Ses feuilles sont laxatives, et ses semences astringentes.

RUMEX DES MARAIS. *R. hydrolapathum.* ♃.

Feuilles à pétiole court, à limbe lancéolé, très-long, non échancré à la base; fleurs verticillées.

Elle croît dans les eaux stagnantes. Sa racine est tonique et purgative.

RUMEX PATIENCE. *R. patientia.* ♃.

Feuilles plus larges et moins longues que dans l'espèce précédente; fleurs en épi rameux. Une des valves du périgone porte un tubercule à sa base.

Sa racine est amère et astringente.

GENRE RHUBARBE. — *RHEUM.*

Neuf étamines; semences à trois angles membraneux.

RHUBARBE RHAPONTIC. *R. raponticum.* ♃.

Feuilles à pétiole rouge et à nervures pubescentes en dessous.

Cette plante croît naturellement en Turquie et en Tarta-rie. Sa racine jouit de propriétés purgatives moins énergi-ques que celles de la rhubarbe palmée, à laquelle on la substitue quelquefois dans le commerce.

RHUBARBE COMPACTE. *R. compactum.* ♃.

Feuilles grandes, épaisses, denticulées, luisantes en dessus.

- Cette plante, originaire des mêmes contrées que la pré-cédente, partage ses propriétés médicales.

RHUBARBE ONDULÉE. *R. undulatum.* ♃.

Feuilles un peu velues et ondulées sur leurs bords.

Elle est cultivée en Sibérie et en Russie.

Rhubarbe palmée. *R. palmatum.* ♃.

Feuilles palmées.

Cette plante est cultivée en Chine, au Japon et dans quelques contrées de la France méridionale pour ses racines qui jouissent de propriétés toniques et purgatives très-énergiques.

Rhubarbe ribes. *R. ribes.* ♃.

Feuilles chargées d'aspérités verruqueuses très-rudes, à nervures épineuses en dessous ; semences entourées d'une pulpe succulente, rougeâtre.

Cette espèce, originaire de Perse, est cultivée en Turquie pour ses pétioles que l'on mange comme des cardons, lorsqu'ils ont été étiolés par le buttage.

Propriétés générales des Polygonées.

Les plantes qui composent cette famille ont la plus grande analogie entre elles, sous le rapport de leurs propriétés. Dans presque toutes, les feuilles et les jeunes tiges contiennent un principe acide, astringent, plus ou moins marqué, qui les rend toniques. Les racines de rhubarbe et de quelques espèces de rumex jouissent de propriétés purgatives très-énergiques. Le fruit des polygonées est formé d'un périsperme farineux qui le rend généralement propre à la nourriture de l'homme et des animaux.

LES CHENOPODÉES ou ARROCHES.

Plantes dicotylédones, apétales, périgynes.
Calice monosépale, découpé en plusieurs parties ; co-

rolle nulle; étamines définies, attachées au calice; un style; un ou plusieurs stigmates; graines renfermées dans un péricarpe ou dans le calice qui s'accroît; feuilles non engaînantes; embryon circulaire.

GENRE PHYTOLAQUE. —. *PHYTOLACCA.*

Périanthe quinquéparti; huit à vingt étamines; ovaire à huit ou dix stries rayonnantes, se changeant en une baie divisée en autant de loges monospermes.

Phytolaque a dix étamines. *P. decandra.* ♃.

Tiges rougeâtres; feuilles terminées par une pointe calleuse; fleurs en grappe; dix étamines; baie d'un pourpre violet.

Cette plante, originaire de Suisse, est une des plus grandes herbes que l'on connaisse : elle croît abondamment dans le Piémont, les Pyrénées et les Landes.

GENRE SOUDE. — *SALSOLA.*

Embryon contourné en spirale; calice persistant, quinquéparti; cinq étamines; style bifide; fleurs hermaphrodites.

Soude kali. *S. kali.* ⊛.

Cette espèce se distingue de la suivante, à laquelle elle ressemble beaucoup, par ses feuilles plus courtes et plus épaisses, et par son périgone dont les bords sont scarieux.

On la trouve sur les bords de la Méditerranée et de l'Océan.

Soude épineuse. *S. tragus.* ⊛.

Tige cannelée, un peu velue vers son sommet; feuilles et bractées terminées par une pointe épineuse.

Elle habite les mêmes contrées que l'espèce kali.

Soude commune. *S. soda.* ◉.

Tige glabre, rougeâtre ; deux stigmates subulés.

Elle croît dans les lieux maritimes des provinces méridionales.

Les cendres de ces différentes espèces de plantes, et de plusieurs autres végétaux qui croissent sur les bords de la mer, contiennent une grande proportion de soude.

GENRE ÉPINARD. — *SPINACIA.*

Fleurs dioïques ; fleurs mâles, périanthe quinquéparti ; fleurs femelles, périanthe à deux, trois ou quatre parties ; quatre styles ; graines recouvertes par le calice, qui grandit après la floraison.

Épinard cultivé ou cornu. *S. oleracea, sive spinosa.* ◉.

Feuilles sagittées ; calice formant autour de la graine deux, trois ou quatre pointes aiguës et divergentes.

Cultivée dans les jardins potagers, cette plante fournit à l'homme un aliment aussi sain qu'agréable.

Épinard sans cornes. *S. iuermis.* ◉.

Cette espèce diffère de la précédente par ses fruits ovoïdes dépourvus de cornes.

On la cultive pour les mêmes usages que l'espèce qui précède.

GENRE BETTE. — *BETA.*

Fleurs hermaphrodites ; calice quinquéfide ; graines réniformes, recouvertes par le calice qui s'endurcit et ressemble à une capsule.

BETTE OU POIRÉE COMMUNE. *B. vulgaris.* ☉.

Racines grêles; feuilles d'un vert clair, molles; pétioles canaliculés, très-blancs, dont on fait usage comme aliment.

BETTE-RAVE. *B. rapa.* ☉.

Racine grosse, charnue, pivotante, rouge, jaune ou blanche.

La racine de cette plante fournit, après l'extraction du sucre qu'elle renferme, des résidus qui sont employés avec avantage à la nourriture des animaux domestiques.

La *Bette, racine de disette. B. cycla,* dont la racine très-grosse s'élève au-dessus du sol, est l'espèce que l'on cultive plus spécialement pour la nourriture des bestiaux.

GENRE ANSERINE. — *CHENOPODIUM.*

Cinq étamines; deux ou trois stigmates subulés. Ce genre, qui diffère du suivant par ses fleurs hermaphrodites, et par son calice quinquéfide et non accrescent, renferme un assez grand nombre d'espèces généralement rejetées par les bestiaux, et toujours nuisibles aux récoltes, dans lesquelles elles se multiplient quelquefois avec une promptitude étonnante.

ANSERINE BON HENRI. *C. bonus Henricus.* ♃.

Feuilles sagittées, très-légèrement farineuses en-dessous, et d'un gros vert en-dessus; fleurs en grappe droite.

Cette plante, très-commune dans tous les lieux, était autrefois employée comme vulnéraire et détersive. Les animaux la mangent, mais ne la recherchent jamais.

ANSERINE BLANCHE. *C. album.* ☉.

Feuilles ovoïdes, blanches et très-farineuses en-dessous; fleurs en épis pyramidaux; graines lisses.

Cette espèce, l'une des plus communes, est rejetée par tous les bestiaux.

ANSERINE VERTE. *C. viride. ♃.*

Feuilles rhomboïdales, d'un vert luisant; graines chagrinées.

Cette plante est quelquefois mangée par les chèvres et les moutons.

ANSERINE ROUGE. *C. rubrum.* ☉.

Tiges couvertes de cannelures rouges dans leur fond : elle est très-commune le long des murs.

ANSERINE BOTRYS. *C. botrys.* ☉.

Cette espèce est facile à reconnaître à sa tige pubescente, visqueuse, et à ses deux stigmates linéaires.

Elle croît dans les lieux sablonneux des provinces méridionales. Son odeur forte et sa saveur âcre et amère annoncent en elle des propriétés très-excitantes.

ANSERINE AMBROISIE. *C. ambrosioïdes.* ☉.

Elle diffère de l'espèce précédente par ses feuilles dentées, aiguës, glabres et non pinnatifides, et par ses fleurs sessiles.

L'odeur de cette plante est également forte et aromatique, mais plus agréable que celle de l'espèce précédente.

ANSERINE FÉTIDE. *C. vulvaria.* ☉.

Petite plante à feuilles rhomboïdales entières et farineuses, répandant une odeur désagréable lorsqu'on les presse entre les doigts.

Elle est très-commune le long des murs et des chemins.

GENRE ARROCHE. — *ATRIPLEX*.

Fleurs mâles et femelles mélangées ; fleurs femelles, calice biparti accrescent ; style bifide ; fleurs mâles , calice quinquéfide ; cinq étamines.

Arroche des jardins. *A. hortensis.* ☉.

Tige glabre et lisse ; feuilles triangulaires , d'un vert glauque ; fruit membraneux , formé du calice et d'un akène comprimé.

Toutes les parties de cette plante qui ont une saveur fade, peuvent être employées pour préparer des cataplasmes émolliens.

Il existe une variété d'arroche dont toutes les parties sont rouges ; quelques auteurs en font une espèce distincte, sous les noms d'*atriplex , hortensis , rubra.*

GENRE CAMPHRÉE. — *CAMPHOROSMA*.

Calice à quatre dents inégales ; quatre étamines saillantes hors du calice ; style bifide ; fruit renfermé dans le calice.

Camphrée de Montpellier. *C. monspeliaca.* ♄.

Tige tomenteuse ; feuilles fasciculées , linéaires ; stipules subulées, plus longues que les feuilles ; bractées ovales et pubescentes ; calice couvert de longs poils frisés.

Cette plante croît abondamment dans les lieux incultes des provinces méridionales. Toutes ses parties exhalent une odeur de camphre très-prononcée.

Propriétés générales des Arroches.

La majeure partie des plantes rangées dans cette famille sont douces, mucilagineuses ou sucrées. Quelques espèces seulement contiennent un principe âcre et odorant qui leur donne des propriétés excitantes assez énergiques. Les racines de plusieurs autres espèces, riches en matière sucrée, sont employées avec beaucoup d'avantage à la nourriture des bestiaux dans les saisons où il y a pénurie de fourrage vert.

LES PÉDICULAIRES ou RHINANTACÉES.

Plantes dicotylédones, monopétales, hypogynes.

Corolle profondément divisée ou polyphylle ; corolle monopétale, le plus souvent irrégulière ; étamines en nombre variable, mais toujours défini ; un style ; un stigmate ; capsule biloculaire, bivalve. C'est à la classe des toniques qu'appartient le petit nombre de plantes médicamenteuses rangées dans cette famille.

GENRE POLYGALA. — *POLYGALA*.

Calice à cinq divisions colorées, dont deux latérales, très-grandes ; corolle irrégulière, divisée en deux lèvres ; huit étamines diadelphes ; capsule comprimée.

D'après quelques auteurs, ce genre forme le type de la famille des polygalées.

POLYGALA AMER. *P. amara.* ♃.

Feuilles inférieures spatulées ; fleurs d'un bleu d'azur ; bractées linéaires à la base des pédicelles.

Toutes les parties de cette plante sont amères et toniques. Le *polygala senega* jouit des mêmes propriétés.

GENRE VÉRONIQUE. — *VERONICA*.

Corolle en roue, à quatre lobes inégaux ; deux étamines ; capsule comprimée, en forme de cœur renversé.

VÉRONIQUE BECABUNGA. *V. becabunga.* ♃.

Feuilles ovales, très-lisses, d'un vert foncé; fleurs bleues en grappes axillaires; anthères violettes.

On trouve cette plante sur le bord des ruisseaux et dans les prés humides. Sa saveur et ses propriétés sont analogues à celles du cresson.

VÉRONIQUE OFFICINALE. *V. officinalis.* ♃.

Feuilles molles et pubescentes; pédoncules et calices velus; fleurs d'un violet clair.

Elle croît dans les bois montueux et sur les coteaux arides. Toutes ses parties sont amères et aromatiques. Plusieurs autres espèces de véronique, communes dans les bois et les pâturages secs, où elles sont recherchées par les bestiaux, possèdent des propriétés analogues, et peuvent être employées dans les mêmes circonstances.

GENRE RHINANTHE. — *RHINANTHUS.*

Calice renflé, à quatre dents; lèvre supérieure de la corolle comprimée; graines presque planes.

RHINANTHE CRÊTE DE COQ. *R. crista galli.* ♃.

Feuilles ovales, pointues, dentées; fleurs en épi, munies de bractées lancéolées, dentées; corolle jaune.

Cette plante, commune dans les prés humides, est mangée par tous les bestiaux quand elle est verte; mais ils la refusent quand elle est sèche, à cause de sa dureté et de son insipidité.

GENRE MÉLAMPYRE. — *MELAMPYRUM.*

Calice en tube, à quatre lobes pointus; corolle tubuleuse, à deux lèvres, la supérieure en casque.

MÉLAMPYRE DES CHAMPS. *M. arvense.* ♃.

Fleurs purpurines, accompagnées de bractées bordées de dents sétacées et de la même couleur que les fleurs.

Toutes les espèces de ce genre fournissent un fourrage très-recherché par les bestiaux. Quelques auteurs ont observé que le pain dans lequel il entre de la graine de *mélampyre* cause des pesanteurs de tête.

LES JASMINÉES.

Plantes dicotylédones, monopétales, hypogynes.

Calice à quatre ou cinq dents; corolle tubuleuse, à quatre ou cinq divisions, quelquefois nulle; constamment deux étamines; un stigmate bifide ou bilobé; une capsule, ou une baie supère à deux loges contenant une ou quatre graines; embryon renfermé dans un endosperme charnu; fleurs hermaphrodites ou unisexuées.

GENRE LILAC ou LILAS. — *SYRING A.*

Calice turbiné, à quatre dents; corolle hypocratériforme, à quatre divisions concaves; stigmate profondément bifide; capsules alongées et comprimées.

LILAC COMMUN. *S. vulgaris.* ♭.

Arbrisseau à feuilles cordiformes, entières, glabres; corolle violette, à tube long et grêle; étamines presque sessiles.

Le lilas est originaire d'Orient. Ses capsules, encore fraîches, fournissent un extrait amer, qui a été tout récem-

ment employé avec succès contre les fièvres intermittentes
de l'homme.

GENRE FRÊNE. — *FRAXINUS.*

Fleurs polygames; capsule plane, ovale, monosperme,
terminée par un appendice membraneux, ligulé.

1°. Calice et corolle nuls; fleurs unisexuelles; anthères sessiles.

Frêne élevé. *F. excelsior.* ♄.

Arbre à écorce cendrée, à rameaux opposés; feuilles ailées, d'un vert noirâtre en dessous, terminées par une
foliole plus grande que les autres.

L'écorce de cet arbre, qui est amère et astringente, a
été proposée contre les mêmes affections que le quinquina.

2°. Calice et corolle; fleurs hermaphrodites.

Frêne a fleurs ou orme. *F. ornus.* ♄.

Calice court, à quatre dents; corolle à quatre pétales linéaires; fruit plus étroit et plus obtus que dans l'espèce
précédente.

C'est de cet arbre et de quelques autres espèces de ce
genre que découle la substance purgative nommée *manne.*

GENRE OLIVIER. — *OLEA.*

Calice à quatre dents; corolle courte, à quatre divisions
ovales; stigmate bilobé; drupe charnu, renfermant un
noyau monosperme.

Olivier d'Europe. *O. europea.* ♄.

Feuilles opposées, coriaces, blanchâtres; bois couvert
de lenticules roussâtres; drupe ovoïde, d'un vert foncé.

L'olivier est originaire d'Asie. Ses péricarpes fournissent
l'huile fixe connue sous le nom d'*huile d'olive.*

GENRE JASMIN. — *JASMINUM.*

Calice quinquéfide; corolle tubuleuse, à cinq divisions obliques; baie à deux loges, mono ou dispermes; semences revêtues d'un tégument charnu.

JASMIN COMMUN. *J. officinale.* ♄.

Tige volubile; rameaux déliés; feuilles profondément pinnatifides; fleurs blanches, d'une odeur agréable; calice à divisions linéaires.

Le jasmin est originaire d'Asie. Ses fleurs, qui étaient autrefois employées comme antispasmodiques, ne servent plus aujourd'hui que dans la parfumerie.

GENRE TROÊNE. — *LIGUSTRUM.*

Calice à quatre dents; corolle quadrilobée; baie à deux loges, di ou tétraspermes.

TROÊNE COMMUN. *L. vulgare.* ♄.

Arbrisseau à écorce cendrée, à feuilles simples, lancéolées, glabres; fleurs blanches en grappe; baie noire.

Le troêne est commun dans les bois et les haies. Ses feuilles jouissent de propriétés astringentes assez marquées.

Propriétés générales des Jasminées.

Les feuilles et l'écorce des jasminées sont amères, astringentes et toniques; leurs fleurs sont aromatiques et stimulantes.

LES VERBÉNACÉES - PYRÉNACÉES
ou GATTILIERS.

Plantes dicotylédones, monopétales, hypogynes.

Calice monosépale, tubuleux, partagé; corolle irrégulière; le plus souvent quatre étamines didynames; un style; un stigmate. Le fruit est une capsule ou une baie renfermant une ou plusieurs graines. Feuilles opposées ou verticillées.

GENRE VERVEINE. — *VERBENA.*

Calice à cinq dents, dont une tronquée; corolle à cinq lobes irréguliers.

Verveine officinale. *V. officinalis.* ♂.

Tige branchue, carrée, striée, pubescente et visqueuse; feuilles un peu ridées et profondément découpées; calice tétragone; fleurs d'un blanc violet, accompagnées d'une petite bractée.

Cette plante, qui croît abondamment dans les lieux stériles et le long des chemins, a long-temps été considérée comme une panacée infaillible contre presque toutes les maladies; mais aujourd'hui que l'on sait positivement à quoi s'en tenir sur les propriétés de cette plante, on ne l'emploie plus que comme émolliente.

LES LABIÉES.

Plantes dicotylédones, monopétales, hypogynes.

Calice persistant, tubuleux, à cinq dents, ou bilabié; corolle tubuleuse, irrégulière, à cinq divisions, dont deux forment la lèvre supérieure, et les trois autres la lèvre inférieure; quatre étamines didynames, les deux plus courtes quelquefois avortées; un style; deux stigmates. Fruit composé de quatre cariopses, renfermant chacun une graine sans périsperme; feuilles opposées; tiges carrées; fleurs le plus ordinairement verticillées.

Deux étamines fertiles.

GENRE LYCOPE. — *LYCOPUS.*

Corolle à quatre lobes égaux, presque réguliers, dont le supérieur est échancré ; étamines distantes. Ce genre diffère des menthes, parce qu'il y a deux étamines qui avortent.

Lycope d'Europe. *L. europœus.* ♃.

Fleurs blanches, tachées de rouge; tube de la corolle soyeux.

On trouve cette plante dans les marais et les lieux exposés aux inondations. Les bestiaux la refusent, sans doute à cause de sa saveur astringente. Elle est quelquefois si abondante dans les localités précitées, qu'il devient avantageux de la couper pour faire de la litière et augmenter la masse du fumier.

GENRE MONARDE. — *MONARDA.*

Lèvre supérieure de la corolle aiguë, droite, renfermant les deux étamines et le style.

MONARDE POURPRÉE OU ÉCARLATE. *M. didyma.* ♃.

Corolle velue sur sa face supérieure; fleurs et feuilles florales, de couleur pourprée.

Elle croît naturellement en Amérique, où ses feuilles sont employées aux mêmes usages que le thé.

GENRE ROMARIN. — *ROSMARINUS.*

Etamines à filets, arquées, ayant une dent latérale ; calice à deux lèvres : la supérieure entière, l'inférieure à deux lobes.

ROMARIN OFFICINAL. *R. officinalis.* ♄.

Feuilles linéaires, argentées en dessous.

Les feuilles de romarin servent à faire des infusions que l'on emploie assez fréquemment dans la médecine de l'homme. La liqueur connue sous le nom d'*eau de la reine de Hongrie* est le produit de la distillation des différentes parties de cette plante, après une digestion prolongée dans l'esprit de vin.

GENRE SAUGE. — *SALVIA.*

Lèvre supérieure de la corolle falciforme, comprimée et échancrée ; étamines à filets articulés sur un pédicelle.

SAUGE OFFICINALE. *S. officinalis.* ♃.

Feuilles finement chagrinées et cotonneuses ; souche ligneuse.

L'infusion des feuilles et des sommités est aromatique et excitante.

SAUGE DE CATALOGNE. *S. tenuior.* ♃.

Elle diffère de la précédente par ses feuilles plus petites et non cotonneuses.

Son arome est plus pur et sa saveur moins âcre. Elle jouit, au reste, des mêmes propriétés médicinales.

Sauge sclarée ou toute bonne. *S. sclarea.* ♂.

Divisions du calice acérées; feuilles cordiformes; bractées concaves et très-odorantes.

Son odeur est forte et désagréable; sa saveur est âcre et amère.

Sauge des prés. *S. pratensis.* ♃.

Lèvre supérieure de la corolle laissant passer le style; fleurs d'un beau bleu.

On la trouve dans les prés secs, où elle est mangée par les moutons et les chèvres seulement. Elle jouit des mêmes propriétés que les autres espèces.

Sauge hormin. *S. hormium.* ☉.

Style plus long que la lèvre supérieure et réfléchi vers son sommet; calice s'abaissant après la floraison.

Quatre étamines fertiles.

GENRE BUGLE. — *ADJUGA.*

Corolle à lèvre supérieure petite, bidentée; l'inférieure à trois lobes, celui du milieu est en cœur renversé; cariopses ridés.

Bugle rampante. *A. reptans.* ♃.

Tiges rougeâtres, à rejets traçans; fleurs et bractées supérieures bleuâtres.

Cette plante, que l'on trouve dans les bois ombragés et les pâturages humides, est peu aromatique et sans usage médical. Les vaches et les brebis sont les seuls animaux qui la mangent.

GENRE GERMANDRÉE. — *TEUCRIUM.*

Lèvre supérieure de la corolle petite, divisée en deux lobes réfléchis, entre lesquels passent les étamines; cariopses unis.

GERMANDRÉE IVETTE. *T. chamœpitys.* ☉.

Calice à cinq dents, dont la supérieure est à peine visible; feuilles supérieures à trois lobes linéaires.

Cette plante est tonique et stimulante; son infusion excite la transpiration cutanée.

GERMANDRÉE PETIT CHÊNE. *T. chamœdrys.* ♃.

Feuilles dures, lisses, luisantes et dentées; pédoncules plus courts que les calices.

Cette plante, que l'on trouve sur les coteaux secs et arides, est peu aromatique; mais elle contient un principe amer très-abondant qui la rend tonique et stomachique.

GERMANDRÉE BOTRIDE. *T. botrys.* ☉.

Lèvre inférieure de la corolle marquée de points rouges disposés en lyre; calice gibbeux à la base; feuilles profondément découpées.

On la trouve dans les lieux arides et pierreux.

GERMANDRÉE AQUATIQUE. *T. scordium.* ♃.

Elle se distingue du petit chêne par le duvet qui recouvre toutes ses parties, par ses feuilles sessiles et légèrement crêpues.

Cette plante, dont toutes les parties exhalent une odeur

alliacée, était autrefois employée dans la médecine de l'homme comme un stimulant très-énergique.

GERMANDRÉE MARUM. *T. marum.*

Le calice et la surface externe de la corolle sont cotonneux ; fleurs purpurines ; rameaux d'un blanc argenté.

Elle croît dans les contrées maritimes de la Provence. Son odeur est aromatique et très-agréable.

GERMANDRÉE DES BOIS. *T. scorodonia.* ♃.

Feuilles en cœur, ridées ; étamines purpurines ; fleurs jaunâtres ; bractées ovoïdes, concaves.

On la trouve dans les bois et les localités élevées.

GERMANDRÉE POLIUM OU DES MONTAGNES. *T. polium.* ♄.

Feuilles et tiges cotonneuses ; fleurs en tête oblongue.

Elle croît dans les lieux maritimes et montueux du Midi.

GENRE GLECOME. — *GLECOMA.*

Anthères rapprochées deux à deux, et disposées en croix avant l'émission du pollen ; corolle deux fois plus longue que le calice.

GLECOME HÉDÉRACÉ OU LIERRE TERRESTRE. *G. hederacea.* ♃.

Tiges stolonifères ; feuilles cordiformes ou réniformes, hispides.

Cette plante, commune dans les lieux couverts, exhale une odeur aromatique assez agréable. Sa saveur est amère et légèrement âcre. Son infusion est fréquemment employée dans la médecine de l'homme dans le traitement des catarrhes pulmonaires.

GENRE SARRIETTE. — *SATUREIA.*

Étamines distantes, plus courtes que la corolle ou l'excédant à peine ; corolle à cinq lobes presque égaux.

Sarriette des jardins. *S. hortensis.* ♄.

Tige arrondie; feuilles linéaires, lancéolées, ponctuées et glanduleuses.

On l'emploie plutôt comme assaisonnement que comme médicament. Son odeur et sa saveur rappellent assez bien celles du thym ordinaire.

Sarriette des montagnes. *S. montana.* ♄.

Feuilles moins alongées que dans l'espèce précédente, ponctuées et chagrinées ; fleurs blanches, plus fortement labiées.

Cette plante, dont l'odeur aromatique est très-prononcée, et dont la saveur est âcre et piquante, jouit de propriétés très-excitantes.

GENRE HYSOPE. — *HYSSOPUS.*

Étamines écartées, beaucoup plus longues que la corolle, dont la lèvre supérieure est plane et échancrée.

Hysope officinale. *H. officinalis.* ♃.

Feuilles linéaires, un peu épaisses, luisantes et sessiles.

L'hysope croît naturellement sur les collines sèches du Midi. Les sommités fleuries sont employées avec avantage dans la médecine de l'homme pour faciliter l'expectoration.

GENRE CATAIRE. — *NEPETA.*

Corolle à lèvre supérieure échancrée : l'inférieure à trois divisions, les deux latérales courtes et réfléchies, la moyenne concave et crénelée.

CATAIRE OFFICINAL. *N. cataria.* ♃.

Fleurs en épi, accompagnées de bractées sétacées; feuilles blanchâtres en dessous.

Cette plante exhale une odeur forte et peu agréable qui attire les chats.

GENRE LAVANDE. — *LAVANDULA.*

Corolle renversée, à cinq lobes inégaux; étamines renfermées dans le tube.

LAVANDE EN ÉPI. *L. spica.* ♄.

Fleurs bleues en épi interrompu, accompagnées de bractées acérées.

Cette plante, d'une odeur aromatique pénétrante, fournit une huile essentielle très-excitante, fréquemment employée en frictions dans la médecine des animaux.

GENRE MENTHE. — *MENTHA.*

Calice à cinq dents; corolle à quatre lobes planes presque égaux, le supérieur bifide; étamines distantes.

Fleurs en épi.

MENTHE SAUVAGE. *M. sylvestris.* ♃.

Feuilles oblongues, cotonneuses en dessous; étamines très-longues.

MENTHE VERTE. *M. viridis.* ♃.

Feuilles lancéolées, dentées, sessiles, d'un vert luisant; corolle marquée de taches violettes.

On a dit que les feuilles de cette plante, mises dans le lait, retardaient sa coagulation spontanée, et qu'il suffisait même que les animaux en eussent mangé pour que ce phénomène se fît remarquer.

Menthe a feuilles rondes. *M. rotundifolia.* ♃.

Feuilles arrondies, très-cotonneuses en dessous.

Menthe crépue. *M. crispa.* ♃.

Feuilles cordiformes, crispées.

Menthe poivrée. *M. piperita.* ♃.

Elle se distingue de la verte par ses feuilles plus larges et pétiolées.

Toutes les parties de cette plante contiennent une grande quantité d'huile essentielle, à laquelle elles doivent des propriétés excitantes très-énergiques.

Menthe aquatique. *M. aquatica.* ♃.

Calice strié et hérissé; fleurs en tête arrondie.

Fleurs verticillées.

Menthe cultivée. *M. sativa.* ♃.

Cette espèce diffère de la précédente par ses fleurs verticillées et non en tête, et de celle des champs par son calice cylindrique et non en cloche.

Menthe des champs. *M. arvensis.* ♃.

Calice en cloche, hérissé.

Menthe purpurine ou élégante. *M. gentilis.* ♃.

Calice strié; lobe supérieur de la corolle échancré en cœur.

On la trouve sur le bord des chemins et des champs cultivés.

Menthe poulliot. *M. pulegium.* ♃.

Feuilles petites, arrondies; calice pubescent, fermé par des poils à la maturité des graines.

Elle croît sur le bord des étangs et des rivières.

Les différentes espèces de menthe jouissent de propriétés analogues, qu'elles doivent à une huile essentielle très-répandue dans toutes leurs parties. Elles sont éminemment aromatiques et excitantes, et, dans l'usage médical qu'on en fait, on peut les substituer les unes aux autres sans aucun inconvénient; mais il faut avoir la précaution de les cueillir à l'époque de la floraison, afin d'obtenir le plus grand effet possible de leur administration. Toutes les menthes sont peu recherchées par les bestiaux, qui les mangent cependant, lorsqu'ils paissent dans les lieux où elles croissent abondamment.

GENRE LAMIER. — *LAMIUM.*

Calice à cinq dents aristées; corolle ayant une ou deux petites dents sur les côtés du limbe, et la lèvre supérieure en voûte.

Lamier blanc. *L. album.* ♃.

Anthères velues, marquées de points noirs.

Cette plante a une odeur aromatique très-faible et une saveur légèrement amère. Tous les bestiaux la mangent, sans cependant la rechercher.

GENRE BETOINE. — *Betonica.*

Corolle à tube légèrement arqué et plus long que le calice.

Betoine officinale. *B. officinalis.* ♃.

Feuilles cordiformes, ridées et velues.

Cette plante, dont la racine est légèrement émétique,

exhale une odeur aromatique faible , mais peu agréable. Tous
les bestiaux la refusent.

GENRE STACHYS ou ÉPIAIRE. — *STACHYS.*

Étamines se jetant en dehors de la corolle après l'émission
du pollen.

ÉPIAIRE DES BOIS. *S. sylvatica.* ☉.

Corolle d'un rouge pourpre, panachée de blanc.
Cette plante, quelquefois très-abondante dans certaines localités, est refusée par tous les bestiaux. Elle est sans usage
médical.

GENRE BALLOTE. — *BALLOTA.*

Calice à dix stries et cinq plis.

BALLOTE NOIRE. *B. nigra.* ♃.

Lèvre supérieure de la corolle velue à sa face interne et
denticulée sur son bord.
Cette plante, très-commune partout, n'est mangée par aucun animal, sans doute à cause de son odeur aromatique assez peu agréable, et de sa saveur âcre et amère.

GENRE AGRIPAUME. — *LEONURUS.*

Anthères parsemées de points brillans.

AGRIPAUME CARDIAQUE. *L. cardiaca.* ♃.

Feuilles inférieures presque palmées , les supérieures à
trois lobes ; anthères surmontées d'une touffe de poils.
Cette plante, d'une odeur aromatique peu agréable, a joui
autrefois d'une grande réputation dans le traitement des car-
dialgies ; mais aujourd'hui elle est tout-à-fait inusitée. Tous
les animaux la refusent.

GENRE MARRUBE. — *MARRUBIUM.*

Différent du genre ballote par la lèvre supérieure de la corolle, qui est plane, au lieu d'être concave, et par le lobe moyen de la lèvre inférieure, qui est échancré.

Marrube commun. *M. vulgare.* ♃.

Lèvre supérieure de la corolle ligulée et fendue.

Cette plante, d'une odeur aromatique très-forte, et d'une saveur âcre et chaude, entre dans la composition de la thériaque. Les animaux n'y touchent jamais.

GENRE CLINOPODE. — *CLINOPODIUM.*

Calice infléchi, à lèvre supérieure trifide, l'inférieure bifide; fleurs accompagnées de bractées linéaires ou sétiformes.

Clinopode commun. *C. vulgare.* ♃.

Fleurs en tête arrondie, accompagnées de bractées ciliées; feuilles ovales, entières et velues.

Quoique les vaches et les chèvres mangent quelquefois cette plante, elle n'en doit pas moins être considérée comme une plante nuisible dans les pâturages élevés, surtout lorsqu'elle y est abondante.

GENRE ORIGAN. — *ORIGANUM.*

Fleurs en épi, accompagnées de bractées ovoïdes; lèvre supérieure de la corolle bifide.

Origan commun. *O. vulgare.* ♃.

Tiges arrondies, rougeâtres; bractées d'un rouge violacé.

Cette plante, dont toutes les parties exhalent une odeur aromatique assez agréable, est quelquefois mangée par les bestiaux. Elle jouit des mêmes propriétés médicales que les autres labiées aromatiques.

GENRE THYM. — *THYMUS*.

Calice fermé par des soies, à lèvre inférieure bicuspide ; lèvre supérieure de la corolle échancrée.

THYM SERPOLET. *T. serpillum*. ♄.

Feuilles petites, velues, ainsi que les tiges, qui sont ligneuses.

Cette espèce jouit des mêmes propriétés, et est employée aux mêmes usages que le thym commun. Les moutons, les chèvres et les lapins mangent quelquefois cette plante, mais ils ne l'aiment point : on a donc prétendu à tort qu'elle donnait d'excellentes qualités à la chair de ces animaux, qualités qu'il est bien plus raisonnable d'attribuer aux autres plantes fourrageuses qui croissent dans les mêmes localités.

THYM COMMUN. *T. vulgaris*. ♄.

Feuilles linéaires, glabres.

Cette plante, d'une odeur aromatique très-agréable, est quelquefois employée comme stomachique et carminative, mais le plus souvent pour aromatiser certains mets.

GENRE MÉLISSE. — *MELISSA*.

Calice scarieux, aplati en-dessous ; lèvre supérieure de la corolle voûtée et bifide.

MÉLISSE OFFICINALE. *M. officinalis*. ♃.

Tige poilue à ses nœuds et à la partie supérieure ; fleurs petites, nombreuses et unilatérales.

Les feuilles fraîches de mélisse ont une odeur de citron. Elles fournissent par la distillation une eau spiritueuse, connue sous le nom d'*Eau des Carmes*, que l'on fait ordinairement respirer aux personnes qui tombent en syncope.

GENRE BASILIC. — *OCYMUM.*

Lèvre supérieure du calice orbiculaire et entière; corolle renversée; filamens des étamines portant une dent.

BASILIC COMMUN. *O. basilicum.* ☉.

Feuilles entières, d'un vert foncé; bractées et calice ciliés.

Cette plante, originaire des Indes-Orientales, est cultivée pour servir de condiment. L'eau distillée de basilic a une odeur aromatique suave, mais elle n'est employée que comme parfum.

GENRE TOQUE, SCUTELLAIRE ou CASSIDE. — *SCUTELLARIA.*

Lèvre supérieure du calice éperonnée en-dessus, et se renversant en-dedans après la chute de la corolle; celle-ci est pourvue de deux dents à l'orifice de son tube.

TOQUE TERTIANAIRE OU COMMUNE. *S. galericulata.* ♃.

Fleurs bleues disposées deux à deux, et tournées d'un même côté.

Cette plante traçante est commune sur le bord des eaux. Elle était autrefois vantée comme un excellent fébrifuge; mais l'expérience a fait justice de cette prétendue propriété.

MÉLISSOT ou MELLITE. *Mellitis.*

Calice à trois lobes, le supérieur très-grand; corolle à limbe dilaté; akènes anguleux.

MÉLISSOT A FEUILLES DE MÉLISSE. *M. melissophyllum.* ♃.

Fleurs blanches, avec une tache purpurine sur la lèvre inférieure de la corolle.

Elle jouit des mêmes propriétés que la mélisse; mais son odeur est plus forte et moins suave.

GENRE PRUNELLE ou BRUNELLE. — *PRUNELLA.*

Lèvre supérieure du calice tronquée et tridentée, l'inférieure bifide; lèvre supérieure de la corolle entière : l'inférieure a trois lobes, dont le moyen est denticulé.

Prunelle officinale. *P. vulgaris.* ♃.

Feuilles à pétioles canaliculés et ciliés ; filets des étamines bifurqués ; deux feuilles à la base de chaque épi.

Cette plante, peu aromatique et légèrement astringente, était autrefois employée dans la médecine de l'homme contre les diarrhées. Tous les bestiaux la mangent sans la rechercher.

Propriétés générales des Labiées.

Les labiées sont stimulantes ou toniques, et quelques-unes réunissent ces deux sortes de propriétés. Le plus grand nombre de ces plantes doivent les propriétés stimulantes très-énergiques dont elles jouissent, à une huile essentielle aromatique que sécrètent les glandes qui existent dans presque tous leurs organes. Quelques espèces contiennent en outre un principe amer, gommo-résineux, qui les rend éminemment toniques par sa prédominance, tandis que d'autres sont à la fois stimulantes et toniques, parce que les principes aromatique et amer s'y trouvent réunis dans des proportions à peu près égales.

LES PERSONNÉES ou SCROPHULAIRES.

Plantes dicotylédones, monopétales, hypogynes.

Calice à quatre ou cinq divisions; corolle monopétale irrégulière; deux ou quatre étamines didynames; un style; un stigmate bilobé; capsule biloculaire, dont le mode de déhiscence est variable; feuilles le plus souvent opposées.

1re Division. — Quatre étamines didynames.

GENRE SCROPHULAIRE. — *SCROPHULARIA.*

Corolle à peu près globuleuse, à cinq lobes inégaux : les deux supérieurs droits; l'inférieur et les moyens réfléchis; étamines penchées sur le lobe inférieur.

SCROPHULAIRE NOUEUSE. *S. nodosa.* ♃.

Tige et fleurs d'un rouge brun; feuilles d'un vert obscur; racine noueuse.

Cette plante croît dans les lieux couverts. Elle a été quelquefois employée comme résolutive, atténuante et vulnéraire.

SCROPHULAIRE AQUATIQUE. *S. aquatica.* ♃.

Tige ailée sur les angles.

Cette espèce jouit des mêmes propriétés que la précédente; on l'emploie assez souvent pour corriger l'odeur nauséabonde du séné.

Les feuilles et les racines des scrophulaires sont purgatives si on les administre à petite dose, et vomitives si la dose est plus forte.

GENRE LINAIRE. — *LINARIA.*

Corolle à deux lèvres, la supérieure éperonnée et à palais proéminent ; capsule ovoïde s'ouvrant par plusieurs découpures.

LINAIRE DES CHAMPS. *L. arvensis.* ☉.

Feuilles linéaires, blanchâtres, éparses supérieurement, et verticillées inférieurement ; calice velu et visqueux.
Elle est commune dans les lieux cultivés.

LINAIRE CYMBALAIRE. *L. cymbalaria.* ♃.

Tiges rampantes ; feuilles charnues, découpées en cinq lobes ; corolle, bleue à palais jaunâtre.
Les bestiaux refusent ces deux espèces de plantes.

GENRE MUFLIER. — *ANTIRRHINUM.*

Ce genre diffère du précédent par la corolle qui est simplement bossue, et la capsule qui s'ouvre au sommet par trois trous.

MUFLIER A GRANDES FLEURS, ou MUFLE DE VEAU. *A. majus.* ♂.

Corolle purpurine, à palais jaune ; capsule ayant une ressemblance grossière avec la tête d'un veau ou d'un cochon.
Cette plante, que l'on cultive pour orner les jardins, a été autrefois employée comme résolutive et vulnéraire.

GENRE DIGITALE. — *DIGITALIS.*

Corolle en cloche, à quatre lobes inégaux ; rudiment d'une cinquième étamine au fond de la fleur ; capsule ovoïde, séparée en deux loges par une double cloison.

DIGITALE POURPRÉE. *D. purpurea.* ♂.

Corolle pendante, de couleur purpurine, tigrée à l'intérieur.

La poudre de digitale produit des effets remarquables sur l'économie animale : elle détermine des vomissemens, des déjections alvines et des vertiges ; elle augmente la sécrétion de la salive et de l'urine, en même temps qu'elle diminue la force et la fréquence des battemens de cœur. Administrée à forte dose, elle donne la mort.

2ᵉ Division. — Deux étamines.

GENRE GRATIOLE. — *GRATIOLA.*

Quatre étamines, dont deux seulement portent des anthères ; capsule divisée en deux loges par une cloison simple.

GRATIOLE OFFICINALE. *G. officinalis.* ♃.

Feuilles petites, lancéolées, dentées dans la moitié de leur longueur, et marquées de trois nervures longitudinales.

Toutes les parties de cette plante sont purgatives et émétiques. Elle croît dans les lieux aquatiques.

Propriétés générales des Scrophulaires.

Les scrophulaires jouissent de propriétés très-disparates : ainsi, à côté de plantes qui ont une odeur nauséeuse, une saveur âcre, et dont l'usage peut être dangereux, on trouve dans cette famille des végétaux dont l'odeur est suave et aromatique, d'autres qui sont rafraîchissans, et quelques autres enfin que l'on peut employer comme émolliens.

LES SOLANÉES.

Plantes dicotylédones, monopétales, hypogynes.

Calice à cinq divisions persistantes; corolle monopétale à cinq divisions; quatre et plus souvent cinq étamines; un style; un stigmate; capsule, ou baie supère, polysperme, à deux ou quatre loges; feuilles alternes.

Solanées dont le fruit est une capsule.

GENRE MOLÈNE. — *VERBASCUM.*

Corolle en roue, à cinq divisions, les deux supérieures plus courtes que les autres; étamines à filamens barbus.

MOLÈNE BOUILLON BLANC. *V. thapsus.* ♂.

Filamens des étamines garnis de poils jaunes; anthères rouges; feuilles décurrentes; plante très-cotonneuse.

MOLÈNE NOIRE. *V. nigrum.* ♃.

Tiges noirâtres, recouvertes de poils blancs; filamens des étamines garnis de poils rouges; anthères safranées; feuilles non décurrentes.

Les fleurs et les feuilles des différentes espèces de molènes sont émollientes et calmantes.

Il existe plusieurs variétés de molène fondées sur la couleur des poils qui recouvrent les filamens des étamines.

GENRE JUSQUIAME. — *HYOSCIAMUS.*

Cinq étamines inclinées; capsule s'ouvrant en boîte à savonnette.

Jusquiame noire. *H. niger.* ♂.

Fleurs d'un jaune pâle, et noirâtres au milieu ; dents du calice épineuses ; feuilles anguleuses et pubescentes.

Cette plante, encore nommée *tue-poule*, est narcotique et vireuse. Les baies et les graines, qui sont les parties les plus actives, sont employées en médecine contre différentes affections. On combat les accidens que détermine cette plante prise à l'intérieur, par l'émétique et les boissons acidules.

GENRE STRAMOINE. — *DATURA.*

Calice caduc, se fendant circulairement à la base ; corolle campaniforme, à cinq angles ; graines réniformes.

Stramoine vulgaire. *D. Stramonium.* ☉.

Capsule hérissée de pointes aiguës.

Les feuilles et les graines, d'une saveur âcre et amère, jouissent de propriétés narcotiques très-énergiques ; l'extrait a été quelquefois employé avec d'heureux résultats dans les affections du système nerveux. Les graines, réduites en poudre, et portées dans les voies respiratoires, produisent l'assoupissement.

GENRE NICOTIANE. — *NICOTIANA.*

Corolle à cinq plis ; stigmate en tête ; capsule creusée de quatre stries ; graines très-nombreuses.

Nicotiane tabac. *N. tabacum.* ☉.

Feuilles décurrentes ; corolle rose.

Le tabac est originaire d'Amérique ; il fut introduit en France en 1559 par Jean *Nicot*, ambassadeur de France en Portugal, qui le reçut lui-même d'un Flamand arrivant de la Floride.

On le cultive en petite quantité dans quelques provinces de la France.

NICOTIANE RUSTIQUE. *N. rustica.* ☉.

Feuilles non décurrentes, un peu glutineuses; corolle d'un jaune pâle.

Le tabac est employé contre les maladies chroniques de la peau, et principalement contre la galle. On emploie aussi la décoction de tabac en lavement toutes les fois que l'on veut produire une violente et prompte irritation sur l'extrémité postérieure du canal intestinal.

Solanées dont le fruit est une baie.

GENRE MANDRAGORE. — *ATROPA.*

Cinq étamines à anthères libres, à filamens élargis à la base; ovaire à deux glandes; baie globuleuse, entourée par la base du calice.

MANDRAGORE OFFICINALE. *A. officinale, sive mandragora.* ♃.

Fleurs solitaires sur des pédoncules radicaux plus courts que les feuilles; racine épaisse, ordinairement fourchue.

Cette plante, qui croît sur les Alpes italiennes, est un poison très-actif. Prise à l'intérieur, elle détermine un assoupissement, bientôt suivi d'un délire furieux.

MANDRAGORE BELLADONE. *A. belladona.* ♃.

Feuilles entières, géminées; fleurs axillaires, d'un pourpre obscur; baies noires.

La belladone est la plus employée des plantes narcotiques de cette famille. Les baies et les graines sont les parties les plus actives. Les feuilles servent à préparer l'onguent *populeum.*

GENRE ALKEKENGE ou COQUERET. — *Physalis.*

Calice vésiculeux, accrescent; anthères conniventes; baie renfermée dans le calice comme dans une vessie.

ALKEKENGE COQUERET. *P. alkekengi. L.*

Pédoncules siliformes; calice se renflant et devenant d'un rouge vermillon.

Les baies, d'une saveur acidule, sont mangées par les habitans de quelques contrées méridionales.

GENRE MORELLE. — *SOLANUM.*

Anthères conniventes, s'ouvrant au sommet par deux pores.

MORELLE DOUCE-AMÈRE. *S. dulcamara.* ♄.

Tiges grimpantes; feuilles entières; baies rouges.

La décoction de cette plante augmente la transpiration cutanée; aussi est-elle employée dans les maladies de la peau. Les baies et les graines n'ont aucune propriété malfaisante.

MORELLE NOIRE. *S. nigrum.* ☉.

Tiges d'un pied environ; feuilles marquées de grosses dents; baies noires.

La décoction de cette plante est très-souvent employée en fomentations contre les douleurs locales, les démangeaisons et les cuissons. Ses feuilles, que l'on mange dans quelques pays, entrent en très-grande proportion dans la composition de l'onguent *populeum.*

MORELLE POMME-D'AMOUR. *S. lycopersicum.* ☉.

Feuilles à lobes fortement dentés; fleurs jaunes; fruit très-gros, rouge, sillonné et plus large que long.

Cette plante, originaire d'Amérique méridionale, est cultivée pour ses baies, dont le suc aigrelet sert d'assaisonnement.

Morelle tubéreuse. *S. tuberosum.* ♃.

Fleurs blanches ou violettes en corymbe; racine produisant de gros tubercules.

La pomme de terre est originaire de l'Amérique méridionale; elle fut d'abord introduite en Angleterre, d'où elle s'est répandue dans les diverses contrées de l'Europe.

Sa culture en France est due à **M. Parmentier,** qui en a décrit un grand nombre de variétés différentes entre elles, principalement par la forme et la couleur des tubercules.

Presque uniquement formées de fécule très-pure, les pommes de terre procurent une alimentation très-substantielle à l'homme et aux animaux.

GENRE PIMENT. — *CAPSICUM.*

Ce genre diffère du précédent par les anthères, qui s'ouvrent longitudinalement.

Piment annuel. *C. annuum.* ☉.

Fruit oblong, d'abord vert, puis d'un rouge vif à la maturité.

Cette plante, vulgairement connue sous les noms de poivre long, poivre de Guinée, est originaire des Indes. La saveur de son fruit est âcre et brûlante; la vapeur qui s'en exhale lorsqu'on le projette sur des charbons ardens, détermine des éternumens, une toux assez opiniâtre, et quelquefois des vomissemens. Ce fruit, qui, réduit en poudre, est un des sternutatoires les plus énergiques, s'emploie comme assaisonnement.

Propriétés générales des Solanées.

Les solanées sont des narcotiques puissans dont l'emploi immodéré peut déterminer les accidens les plus graves, et même donner la mort. Administrées à faible dose, ces plantes agissent comme calmans ; à forte dose, elles excitent des nausées, des vomissemens, des convulsions et des vertiges.

LES BORRAGINÉES.

Plantes dicotylédones, monopétales, hypogynes.

Calice monosépale, quinquéfide, persistant ; corolle le plus souvent régulière ; cinq étamines ; stigmate simple ou bilobé ; quatre graines nues, plus rarement renfermées dans une capsule ou une baie ; feuilles alternes, ordinairement à poils rudes et à base mammelonnée.

GENRE HÉLIOTROPE. — *HELIOTROPIUM.*

Corolle hypocratériforme, à cinq lobes et cinq petites dents ; stigmate échancré.

HÉLIOTROPE D'EUROPE. *H. europæum.* ☼.

Tige pubescente ; feuilles entières, ovales, obtuses, ridées, velues ; fleurs blanches en épis géminés.

Cette plante, encore nommée *tournesol, herbe aux verrues*, croît dans les terrains sablonneux, secs et découverts. Elle est sans usage médical, et dédaignée par les bestiaux.

7

GENRE VIPÉRINE. — *ECHIUM.*

Corolle infundibuliforme, à limbe taillé obliquement ; stigmate bilobé.

VIPÉRINE COMMUNE. *E. vulgare.* ♂.

Tige chargée de poils rudes et de tubérosités rougeâtres ; fleurs bleues et rouges.

Elle croît dans les champs et sur le bord des chemins.

GENRE GREMIL. — *LITHOSPERMUM.*

Quatre graines osseuses, ridées ou lisses ; corolle en entonnoir ; stigmate bifurqué.

GREMIL OFFICINAL. *L. officinale.* ♃.

Feuilles lancéolées, pointues, à trois nervures ; semences blanches et luisantes comme des perles.

Cette plante, que les animaux dédaignent, croît dans les champs incultes. Ses graines ont été quelquefois employées comme diurétiques.

GREMIL DES CHAMPS. *L. arvense.* ☉.

Cette espèce se distingue de la précédente par ses graines ridées, non luisantes, et ses feuilles beaucoup plus étroites.

Elle croît dans les champs cultivés.

GREMIL VIOLET. *L. purpuro-cœruleum.* ♃.

Calice à cinq divisions linéaires ; corolle d'un violet pourpre.

On trouve cette espèce dans les champs, les bois et le long des chemins.

GENRE PULMONAIRE. — *PULMONARIA.*

Calice à cinq angles ; style filiforme ; stigmate échancré.

PULMONAIRE OFFICINALE. *P. officinalis.* ♃.

Feuilles oblongues, ovales, acuminées, panachées de taches blanches arrondies.

Cette plante, que l'on trouve assez communément dans les bois, a été fréquemment employée comme pectorale, vulnéraire et astringente.

GENRE CONSOUDE. — *SYMPHYTUM.*

Cinq écailles placées à l'ouverture de la corolle, et rapprochées en faisceau conique ; stigmate simple.

CONSOUDE OFFICINALE. *S. officinale.* ♃.

Tige branchue ; feuilles décurrentes ; fleurs en épi unilatéral un peu penché.

Cette plante croît dans les prés humides et le long des fossés. Elle jouit de propriétés astringentes qui l'ont fait employer avec quelque succès dans les hémorrhagies pulmonaires et utérines.

GENRE MYOSOTE ou SCORPIONE. —*MYOSOTIS.*

Corolle à cinq lobes échancrés et à cinq écailles convexes rapprochées ; fruit lisse ou bordé d'appendices dentés.

MYOSOTE ANNUELLE. *M. annua, sive arvensis.* ☉.

Corolle d'un bleu pâle, avec le bord de la gorge jaune ; feuilles velues.

Elle croît assez abondamment dans les bois.

Myosote vivace ou des marais. *M. palustris.* ♃.

Espèce différente de la précédente par sa durée, par sa corolle d'un beau bleu parsemé de points jaunes, et par ses feuilles, qui sont glabres.

Cette espèce, fort commune dans les prés humides, est, ainsi que la première, mangée par tous les bestiaux.

GENRE BUGLOSSE. — *ANCHUSA.*

Corolle infundibuliforme, à lobes entiers; tube fermé par cinq écailles ovales, saillantes et conniventes; graines tronquées.

Buglosse d'Italie. *A. italica.* ♂.

Écailles barbues et semblables à de petits pinceaux; stigmate bilobé.

Cette plante, que l'on trouve communément dans les lieux secs, est employée aux mêmes usages que la bourrache.

GENRE BOURRACHE. — *BORRAGO.*

Corolle en roue, à tube fermé par cinq écailles obtuses et échancrées; semences ridées.

Bourrache officinale. *B. officinalis.* ☉.

Fleurs bleues en étoiles; toutes les parties de cette plante sont hérissées de poils très-rudes.

La bourrache croît dans tous les lieux cultivés. Elle est employée en médecine comme béchique, adoucissante et légèrement diurétique.

GENRE CYNOGLOSSE. — *CYNOGLOSSUM.*

Graines comprimées et adhérentes au style par une pointe.

Cynoglosse officinale. *C. officinale.* ♃.

Feuilles lancéolées, ondulées, soyeuses, d'un vert grisâtre ; fleurs petites, rougeâtres, en épis penchés.

On trouve cette plante dans les bois et les lieux incultes. La décoction des feuilles est employée à l'extérieur comme calmante et détersive. Les pilules de cynoglosse, que l'on prescrit dans la médecine de l'homme, ne paraissent devoir leur effet qu'à la petite quantité d'opium qu'on y met, et non à un principe narcotique que contiendrait le suc de cynoglosse. Toutes les parties de cette plante exhalent une odeur désagréable lorsqu'on les presse contre les doigts.

Propriétés générales des Borraginées.

Les plantes de cette famille contiennent une plus ou moins grande quantité de mucilage très-aqueux, qui les rend douces et émollientes. Tantôt ce principe abonde dans la racine (cynoglosse), d'autres fois dans les feuilles (pulmonaire, bourrache, etc.), dont la décoction est alors employée comme émolliente et calmante. Le suc de plusieurs borraginées, et particulièrement celui de la bourrache, paraît en outre contenir du nitre tout formé.

Les racines de quelques espèces fournissent un principe colorant rouge, qui teint l'eau, l'esprit de vin et les huiles dans lesquels on les fait infuser. Ainsi l'*orcanette*, dont on se sert dans le midi de la France pour teindre en rouge différens tissus, est fournie par le *lithospermum tinctorium.* Quant aux propriétés médicales des plantes de cette famille, on peut dire qu'elles ont été exagérées.

LES CONVOLVULACÉES.

Plantes dicotylédones, monopétales, hypogynes.

Calice persistant, à cinq lobes; corolle régulière, à cinq divisions; cinq étamines insérées à la base de la corolle; style simple ou divisé; un ou plusieurs stigmates; capsule trivalve, à deux ou quatre loges; graines à endosperme charnu; tiges ordinairement volubiles.

GENRE LISERON. — *CONVOLVULUS.*

Corolle à limbe plissé; stigmate bilobé; étamines inégales en longueur.

LISERON DES CHAMPS. *C. arvensis.* ♃.

Fleurs roses, blanches ou panachées, accompagnées de deux bractées linéaires; tiges menues, volubiles.

Cette plante croît dans les champs cultivés. Elle contribue à rendre la paille fourrageuse, en s'entortillant autour de la tige des céréales.

LISERON DES HAIES. *C. sepium.* ♃.

Tiges cannelées, grimpantes; fleurs blanches, portées sur des pédoncules tétragones, et accompagnées de deux bractées ovales; feuilles cordiformes, à lobes tronqués.

Cette plante est commune dans les haies.

LISERON SOLDANELLE. *C. soldanella.* ♃.

Tige grêle, couchée; feuilles arrondies, échancrées au sommet; corolle purpurine.

On trouve cette plante dans les sables maritimes.

Les racines de ces trois espèces de liserons sont légèrement purgatives.

Propriétés générales des Convolvulacées.

Toutes les plantes de cette famille contiennent un principe résineux qui les rend âcres et purgatives. Les racines des espèces exotiques, et principalement du *liseron jalap* et du *liseron scammonée*, sont des purgatifs puissans, que l'on ne doit prescrire qu'avec la plus grande circonspection. Les racines des espèces indigènes jouissent de propriétés beaucoup moins énergiques : quelques-unes même sont féculentes et très-nutritives : telles sont celles du *convolvulus batatas* et du *convolvulus edulis*. La famille des Liserons renferme encore des plantes extrêmement nuisibles aux productions agricoles : ce sont les *cuscutes*, espèces de végétaux parasites qui s'accrochent aux plantes, et les font périr en fort peu de temps.

LES GENTIANÉES.

Plantes dicotylédones, monopétales, hypogynes.

Calice monophylle, divisé, persistant ; corolle monopétale, régulière, à plusieurs lobes ; cinq étamines ; un style ; un stigmate bilobé, ou deux stigmates ; capsule à deux valves, à une ou deux loges formées par les bords rentrans des valves.

GENRE GENTIANE. — *GENTIANA.*

Calice ordinairement à cinq lobes ; corolle infundibuliforme, ayant autant de divisions que le calice ; deux stigmates roulés en crosse ; capsule à une loge.

GENTIANE JAUNE. *G. lutea.* ♃.

Calice membraneux, déjeté d'un seul côté ; corolle jaune,

rotacée, découpée en segmens allongés et pointus ; feuilles marquées à leur face inférieure de plusieurs nervures longitudinales saillantes.

Cette plante croît dans les montagnes de quelques contrées de la France. Sa racine, d'une saveur extrêmement amère, est regardée comme le plus puissant et le plus énergique des médicamens toniques indigènes.

GENTIANE CROISETTE. *G. cruciata.* ♃.

Cette plante, que l'on trouve dans les pâturages secs et élevés, a une tige rougeâtre un peu couchée et garnie de feuilles, dont chaque paire se réunit en une gaîne qui enveloppe la tige ; fleurs bleues tubulées.

GENRE CHIRONIE ou ERYTHRÉE. — *CHIRONIA sive ERYTHRÆA.*

Anthères oblongues, roulées en spirale après la fécondation ; capsule biloculaire.

CHIRONIE, PETITE CENTAURÉE. *C. centorium.* ☉.

Tige un peu quadrangulaire ; fleurs roses, disposées en une sorte de corymbe ou de panicule ; calice à cinq lanières étroites et subulées ; tube de la corolle d'un rouge vif en dedans.

Les sommités fleuries de cette plante ont une saveur amère qui devient plus prononcée lorsqu'elles ont été desséchées.

GENRE MÉNYANTHE. — *MENYANTHES.*

Calice campaniforme, à cinq lobes ; corolle en entonnoir, à cinq découpures barbues en dessus ; stigmate bilobé ; graines attachées sur le milieu des valves.

Ményanthe, trèfle d'eau. *M. trifoliata.* ♃.

Fleurs rosées, accompagnées d'une bractée courte et pointue ; feuilles composées de trois folioles obtuses, portées sur de longs pétioles radicaux.

Les feuilles et les tiges de cette plante, que l'on trouve dans les marais, sont extrêmement amères.

Propriétés générales des Gentianées.

Toutes les Gentianées ont une saveur amère plus ou moins prononcée : aussi quelques espèces, dans lesquelles cette amertume est très-intense, sont-elles fréquemment employées comme toniques.

LES APOCINÉES.

Plantes dicotylédones, monopétales, hypogynes.

Calice persistant, à cinq divisions ; corolle à cinq lobes, souvent munie intérieurement de cinq appendices ; cinq étamines libres ou monadelphes ; un style ; un stigmate. Le fruit est un follicule simple ou double, rempli de graines aigrettées ou mutiques, et plus rarement une baie s'ouvrant longitudinalement.

GENRE PERVENCHE. — *VINCA.*

Corolle hypocratériforme, à cinq découpures obliques ; anthères membraneuses rapprochées ; stigmate en godet ; semences nues.

Pervenche majeure ou a grandes fleurs. *V. major.* ♃.

Feuilles ovales, opposées, très-entières, fermes, lisses, d'un vert foncé ; fleurs axillaires d'un beau bleu.

Elle croît dans les bois du midi de la France.

Pervenche mineure. *V. minor.* ♃.

Cette espèce ressemble beaucoup à la précédente ; mais elle est plus petite dans toutes ses parties.

Elle croît dans les lieux couverts et ombragés.

Ces deux espèces de plantes, d'une saveur amère, âcre et astringente, sont faiblement purgatives et diaphorétiques. Elles ont, en outre, la réputation de diminuer et même de suspendre la sécrétion du lait dans les animaux qui s'en repaissent.

GENRE NÉRION. — *NERIUM.*

Corolle infundibuliforme, portant à l'entrée de son tube cinq appendices pétaloïdes frangés ; étamines distinctes ; anthères surmontées d'un filet coloré ; stigmate tronqué ; graines aigrettées.

Nérion laurier-rose. *N. oleander.* ♄.

Tiges grisâtres ; rameaux verts ou bruns ; feuilles épaisses, d'un vert foncé, la plupart ternées ; fleurs roses en corymbe.

Cette plante, qui croît dans le Midi, est rangée parmi les poisons narcotico-âcres les plus actifs.

GENRE ASCLÉPIADE. — *ASCLEPIAS.*

Corolle en roue, à cinq découpures ouvertes, offrant à l'intérieur, 1° cinq cornets, du fond desquels sort une petite corne qui se courbe vers le centre de la fleur ; 2° cinq écailles droites, situées entre les cornets et le pistil, et divisées en deux loges à leur partie supérieure ; 3° cinq corpuscules noirs, luisans, fendus du côté interne, émettant à leur base deux filets qui se rendent chacun dans une des loges formés par les écailles.

Asclépiade dompte-venin. *A. vince-toxicum.* ♃.

Corolle blanchâtre, un peu dure; calice extrêmement petit; feuilles ovales, pointues.

La racine de cette plante, d'une saveur amère très-désagréable, est un médicament qui agit très-énergiquement sur le tube digestif.

Asclépiade de Syrie. *A syriaca.* ♃.

Tiges cotonneuses; feuilles ovales, épaisses, blanchâtres; fleurs rougeâtres, en ombelles penchées.

Cette plante est commuue dans le midi de la France; les poils qui couronnent les graines servent dans l'Orient à faire de la ouate.

Propriétés générales des Apocinées.

Toutes les Apocinées sont plus ou moins vénéneuses; c'est même à cette famille qu'appartiennent les poisons les plus violens du règne végétal, tels que la noix vomique, la fève de saint Ignace et l'upas tieuté.

———

LES COMPOSÉES ou SYNANTHÉRÉES.

Plantes dicotylédones, monopétales; hypogynes, à anthères conjointes.

Corolle monopétale, tantôt régulière, tubuleuse et à cinq dents; tantôt irrégulière, et terminée en languette d'un seul côté; cinq étamines soudées en tube par les anthères seulement; un style, un stigmate bifide. Le fruit est un akène nu ou couronné par une aigrette; fleurs hermaphrodites, unisexuées ou neutres, portées sur un réceptacle charnu, entouré d'écailles qui forment un involucre ou calice commun.

On partage cette famille en trois tribus, que quelques auteurs considèrent comme autant de familles distinctes.

1°. LES CHICORACÉES ou SEMI-FLOSCULEUSES.

Les Chicoracées sont des plantes ordinairement lactescentes, à fleurs terminées en languettes et hermaphrodites.

GENRE LAITUE. — *LACTUCA.*

Involucre un peu ventru à sa base, composé d'écailles imbriquées, scarieuses en leurs bords; aigrette stipitée.

Laitue a feuille de saule. *L. saligna.* ☉.

Tige effilée, blanche et dure; feuilles inférieures roncinées, les supérieures alongées et étroites, comme celles du saule.

Les bestiaux refusent cette plante, sans doute à cause de son amertume.

Laitue vireuse. *L. virosa.* ♂.

Tige hérissée de points épineux; feuilles étalées, semi-amplexicaules, ayant les nervures de leur face inférieure épineuses; fruit ellipsoïde bordé d'une membrane.

Cette plante, d'une odeur vireuse très-prononcée, fournit un extrait narcotique que l'on peut substituer à l'opium.

Laitue sauvage. *L. sylvestris, sive scariola.* ☉.

Tige hérissée inférieurement; feuilles sinuées dressées et épineuses à leur bord, ainsi que sur leur nervure médiane inférieure.

Laitue cultivée. *L. sativa.* ☀.

Feuilles arrondies, lisses; graines marquées de sept stries.

On distingue trois principales variétés de laitue, qui sont la *laitue pommée*, la *laitue frisée*, et la *laitue romaine* ou *chicon*.

Les feuilles de laitue forment une nourriture aqueuse, rafraîchissante. Bouillies dans l'eau, elles peuvent être employées avec avantage pour faire des cataplasmes émolliens. Les soins que les laitues demandent dans leur culture ne permettent pas d'en tirer parti pour la nourriture en grand des bestiaux, quoique tous les aiment avec passion.

GENRE LAITRON. — *SONCHUS.*

Ce genre ne diffère du précédent que par l'aigrette qui est sessile et non stipitée.

Laitron commun. *S. oleraceus.* ☀.

Tige anguleuse, fistuleuse et tendre; feuilles lyrées ou roncinées, bordées de cils ou de petites épines; la languette de la corolle est à cinq dents à son sommet.

Quoique cette plante renferme un suc laiteux, qui la rende amère, les bestiaux la mangent néanmoins avec avidité; mais il est indispensable de la leur donner fraîche; car elle se pourrit très-rapidement dès qu'elle est récoltée.

GENRE ÉPERVIÈRE. — *HIERACIUM.*

Réceptacle alvéolaire; involucre imbriqué, ovale; aigrette sessile.

Épervière, fausse piloselle. *H. piloselloïdes.* ♃.

Involucre à folioles linéaires, noirâtres; fleurs très-petites;

feuilles glauques, radicales, soyeuses en dessus et glabres en dessous.

On trouve cette plante dans les prairies sèches et élevées du Jura et du Dauphiné, où les chevaux seuls paraissent la rechercher.

GENRE PISSENLIT. — *TARAXACUM.*

Involucre double, l'intérieur plus court, et étalé ; aigrette simple et pédicellée.

Pissenlit commun. *T. dens leonis.* ♃.

Hampe uniflore, fistuleuse ; feuilles en rosace, ayant leurs pinnules arquées en crochet.

Le pissenlit doit être rangé parmi les plantes toniques ; presque tous les bestiaux le mangent ; mais il n'en doit pas moins être considéré comme une plante nuisible aux prairies, parce que ses feuilles larges et nombreuses s'étalent sur la terre, et tiennent la place d'autres plantes de meilleure qualité.

GENRE SCORZONÈRE. —*SCORZONERA.*

Involucre formé d'écailles imbriquées, et membraneuses à leur bord ; aigrette plumeuse, sessile.

Scorzonère d'Espagne. *S. hispanica.* ♃.

Racine noirâtre à l'extérieur ; tige cannelée, branchue ; feuilles amplexicaules, ondulées et denticulées.

Elle croît dans les parties méridionales de l'Europe. Ses racines cuites forment un aliment très-agréable. Les bestiaux mangent avec plaisir toutes les parties de cette plante.

GENRE SALSIFIX. — *TRAGOPOGON*.

Involucre de huit ou dix folioles égales, et soudées ensemble; aigrette plumeuse, pédicellée.

SALSIFIX DES PRÉS. *T. pratense.* ♂.

Involucre renflé à sa base, et plus grand que la fleur; feuilles semi-amplexicaules, très-alongées.

Le salsifix croît dans les prés gras, où il est très-recherché par tous les bestiaux; sa racine longue et blanchâtre est douce et sucrée.

GENRE CHICORÉE. — *CHICORIUM*.

Involucre double; l'extérieur à cinq folioles réfléchies; l'intérieur à huit parties plus longues, et soudées à la base; semences couronnées par des denticules.

CHICORÉE SAUVAGE. *C. intybus.* ♃.

Fleurs d'un beau bleu, sessiles et géminées.

S'il est bien constaté que la chicorée sauvage donnée aux vaches en petite quantité, augmente la qualité de leur lait, il est également bien prouvé que lorsqu'on la donne seule et long-temps à ces animaux, elle diminue leur lait, et communique un goût amer au beurre et au fromage. La racine de cette plante, séchée et torréfiée, a une saveur très-amère: dans cet état, on la mêle souvent au café.

CHICORÉE ENDIVE. *C. indivia.* ☉.

Feuilles presque entières; fleurs solitaires et pédicellées.

Cette plante présente plusieurs variétés, qui toutes servent à la nourriture de l'homme lorsqu'elles sont étiolées.

2°. CARDUACÉES, CYNAROCÉPHALES ou FLOSCULEUSES.

Fleurons tubuleux à cinq lobes, tantôt hermaphrodites, tantôt entremêlés de neutres ou de femelles; réceptacle presque toujours garni de paillettes; stigmate simple ou bifide; graines aigrettées; feuilles alternes.

GENRE CHARDON. — *CARDUUS*.

Fleurs hermaphrodites; involucre formé d'écailles terminées par une épine; aigrette caduque.

Ce genre renferme un grand nombre d'espèces très-communes, et généralement nuisibles dans toute espèce de culture.

CHARDON-MARIE. *C. marianus.*⊙.

Feuilles luisantes, parsemées de taches blanches.

Toutes les parties de cette plante fournissent un suc amer qui était autrefois employé contre plusieurs maladies de l'homme. Le chardon penché, le chardon lancéolé, le chardon à feuilles d'acanthe, croissent dans les mêmes localités que le chardon marie.

GENRE ARTICHAUT. — *CINARA*.

Fleurs hermaphrodites; involucre renflé à sa base, à écailles charnues inférieurement, et épineuses au sommet; réceptacle charnu, garni de soies.

ARTICHAUT COMMUN. *C. scolymus.* ♃.

Tige cannelée, cotonneuse, rameuse; feuilles profondément découpées, un peu épineuses, et blanchâtres en dessous.

Les tiges et les racines de cette plante, d'une saveur amère très-prononcée, étaient autrefois employées comme diurétiques; aujourd'hui l'artichaut est exclusivement employé à la nourriture de l'homme.

GENRE CARTHAME. — *CARTHAMUS*.

Involucre renflé, à écailles foliacées à leur sommet, et épineuses en leurs bords; graines sans aigrette.

Carthame des teinturiers. *C. tinctorius.* ☉.

Fleurs d'un jaune orangé, solitaires à l'extrémité des rameaux.

Cette plante, dont les fruits sont légèrement purgatifs, est originaire d'Orient; on la cultive dans le midi de la France pour ses fleurs, desquelles on retire deux principes colorans, employés dans les arts.

GENRE SARRÈTE. — *SERRATULA.*

Involucre hémisphérique ou ovoïde; tube des fleurons ventru au sommet; aigrette plumeuse; réceptacle garni de paillettes.

Sarrète des teinturiers. *S. tinctoria.* ♃.

Plante glabre et coriace; folioles de l'involucre un peu rougeâtres; fleurs petites, purpurines.

Cette plante, qui croît dans les bois et les prés couverts, où elle est peu recherchée par les bestiaux, fournit une belle teinture jaune.

GENRE CENTAURÉE — *CENTAUREA.*

Involucre formé d'écailles épineuses, ciliées, scarieuses et foliacées; fleurons extérieurs stériles, infundibuliformes, et plus longs que ceux du centre; réceptacle garni de paillettes divisées en lanières fines; aigrette simple.

Centaurée chardon-béni. *C. benedicta.* ☉.

Tiges laineuses; feuilles d'un vert clair, avec une nervure blanche; fleurs jaunes, entourées de bractées.

Cette plante, dont toutes les parties sont amères, croît dans le midi de la France.

Centaurée chausse-trape. *C. calcitrapa.* ☉.

Épines de l'involucre grandes et ouvertes en étoiles.

Cette plante, commune dans les lieux stériles et pierreux, est rejetée par tous les bestiaux. Ses feuilles, qui jouissent d'une amertume très-prononcée, ont été quelquefois substituées avec avantage au quinquina dans le traitement des fièvres intermittentes.

Centaurée bleuet. *C. cyanus.* ☉.

Écailles de l'involucre ciliées à leur sommet.
Les fleurs de cette plante sont astringentes.

Centaurée jacée. *C. jacea.* ♂.

Graine garnie au sommet d'une rangée de cils très-courts; involucre globuleux et roussâtre.

Cette plante, que l'on trouve abondamment dans les prés secs, est mangée par tous les bestiaux, verte ou fanée.

GENRE BARDANE. — *ARCTIUM.*

Involucre sphérique, à écailles terminées par une pointe recourbée en crochet.

Bardane officinale. *A. lappa.* ♂.

Tige striée, très branchue; feuilles cordiformes, blanchâtres en dessous.

La racine de cette plante, qui croît dans les lieux incultes, est employée comme sudorifique.

GENRE BALSAMITE. — *BALSAMITA.*

Involucre ouvert, imbriqué; tous les fleurons hermaphrodites, quinquéfides; réceptacle nu; graines couronnées par une membrane incomplète.

Balsamite odorante. *B. suaveolens.* ♃.

Tiges blanchâtres, pulvérulentes; feuilles elliptiques, dentées.

L'odeur aromatique et la saveur chaude de cette plante doivent la faire considérer comme un stimulant énergique.

GENRE TANAISIE. — *TANACETUM.*

Fleurons du disque hermaphrodites, à cinq lobes; ceux de la circonférence femelle à trois lobes; graines couronnées par un rebord membraneux entier.

Tanaisie commune. *T. vulgare.* ♃.

Feuilles bipinnées, d'un vert foncé; fleurs jaunes en corymbe.

Cette plante, qui croît dans les terrains pierreux, jouit de propriétés stimulantes.

GENRE ARMOISE. — *ARTEMISIA.*

Fleurons femelles mêlés avec les hermaphrodites; leurs corolles sont entières et à peines visibles; involucre obrond, écailles conniventes, colorées; graines nues.

Toutes les espèces d'*armoise* sont aromatiques et stimulantes.

Armoise commune. *A vulgaris.* ♃.

Tiges cannelées, rougeâtres; feuilles pinnatifides, blanches en dessous; fleurs sessiles, en épis axillaires; fleurons extérieurs femelles.

On la trouve dans les lieux incultes. Tous les bestiaux la mangent lorsqu'elle se trouve mélangée avec leur fourrage.

Armoise champêtre. *A campestris.* ♃.

Tiges en partie couchées; feuilles multifides, linéaires; fleurs globuleuses.

8.

Cette plante, qui croît dans les champs secs, pierreux et découverts, est rejetée par tous les bestiaux.

ARMOISE ESTRAGON. *A. dracunculus.* ♃.

Tiges droites, vertes, glabres; feuilles très-entières, lancéolées, sessiles; involucre semi-globuleux.

Cette plante, originaire de Sibérie, a une saveur piquante et aromatique.

ARMOISE ABSINTHE. *A absinthium.* ♃.

Feuilles blanchâtres, très-découpées; involucre cotonneux et pendant.

Cette plante croît naturellement dans les terrains incultes et montueux. On prétend qu'elle communique une saveur amère à la chair des animaux qui en mangent.

GENRE TUSSILAGE. — *TUSSILAGO.*

Fleurs radiées ou flosculeuses; involucre à écailles sur un seul rang; fleurons tantôt hermaphrodites, tantôt femelles; ceux de la circonférence à limbe entier et serré contre le style; aigrette simple.

TUSSILAGE PAS-D'ANE OU COMMUN. *T. farfara.* ♃.

Tige rougeâtre, cotonneuse et écailleuse; fleur jaune, solitaire, radiée, naissant avant les feuilles.

On le trouve sur les pentes un peu humides et exposées au soleil. Ses feuilles, d'une saveur amère, ont été conseillées dans les affections chroniques du poumon.

GENRE EUPATOIRE. — *EUPATORIUM.*

Involucre imbriqué, inégal, oblong, cylindrique, pauciflore; aigrette plumeuse.

EUPATOIRE A FEUILLE DE CHANVRE. *C. cannabinum.* ♃.

Feuilles opposées, à trois lobes lancéolés et dentés; style très-saillant.

Cette plante croît dans les lieux aquatiques. Ses feuilles, dont la saveur est amère, sont mangées par les chèvres seulement.

RADIÉES.

Fleurons du disque tubuleux, ceux de la circonférence terminés en languette.

GENRE MATRICAIRE. — *MATRICARIA.*

Involucre hémisphérique, à écailles aiguës, imbriquées ; réceptacle et graine nus.

Les différentes espèces de matricaires sont employées en médecine à titre de stimulant.

MATRICAIRE COMMUNE OU OFFICINALE. *M. parthenium.* ♃.

Tige cannelée ; feuilles pinnatifides, d'un vert jaunâtre, à folioles ovales, incisées.

On la trouve sur les montagnes du midi de l'Europe.

MATRICAIRE CAMOMILLE. *M. chamomilla.* ☉.

Fleurs en corymbe irrégulier.
Elle croît dans les champs cultivés.

MATRICAIRE ODORANTE. *M. suaveolens.* ☉.

Tige grêle, couchée ; fleurs solitaires.
On la trouve dans différentes localités.

GENRE CHRYSANTHÈME. — *CHRYSANTHEMUM.*

Involucre à écailles intérieures, coriaces et scarieuses.

CHRYSANTHÈME LEUCANTHÈME, GRANDE MARGUERITE. *C. leucanthemum.* ♃.

Tige striée ; feuilles radicales, spatulées ; disque jaune ; demi-fleurons blancs.

Cette plante est très-commune dans les prés , et son abondance dans le foin ne paraît pas nuire à la qualité de ce fourrage.

Chrysanthême des blés. *C. segetum.* ☉.

Fleur entièrement jaune; feuilles supérieures à dents aiguës.

Cette plante, qui croît au milieu des moissons , contribue à rendre la paille fourrageuse.

GENRE SOUCI. — *CALENDULA.*

Involucre à folioles égales ; fleurons mâles dans le centre, et environnés par d'autres fleurons hermaphrodites ; demi-fleurons femelles ; graines irrégulières, souvent courbées en arc.

Souci des champs. *C. arvensis.* ☉.

Semences de deux sortes : les unes courbées en arc et hérissées , les autres membraneuses.

On dit que cette plante communique une saveur agréable au lait des vaches qui s'en repaissent.

GENRE INULE. — *INULA.*

Involucre à écailles imbriquées et ouvertes, les extérieures plus grandes ; anthères garnies à leur base de deux filets libres ; aigrette de poils ; fleurs toujours jaunes.

Inule aulnée. *I. helenium.* ♃.

Écailles de l'involucre larges et ovales.

Elle croît dans les lieux ombragés et humides. Sa racine est amère et tonique.

Inule perce-pierre. *J. chritmoïdes.* ♃.

Feuilles nombreuses, linéaires, charnues, entières ou trifides; involucre un peu charnu.

Elle croît dans les marais fangeux des côtes de la Méditerranée et de l'Océan.

GENRE SOLIDAGE ou VERGE-D'OR. — *SOLIDAGO.*

Involucre imbriqué d'écailles inégales et conniventes; demi-fleurons de la circonférence au nombre de cinq ou six; aigrette simple.

SOLIDAGE VERGE-D'OR, OU VERGE-D'OR COMMUNE. *S. virga aurea.* ♃.

Tige pubescente, rameuse au sommet; feuilles inférieures elliptiques, un peu velues et dentées.

Cette plante se trouve dans les bois et les lieux pierreux. Tous les bestiaux la mangent lorsqu'elle est jeune.

GENRE SENEÇON.—*SENECIO.*

Involucre à plusieurs folioles disposées sur un seul rang, égales entre elles, et entourées de petites bractées fanées ou noirâtres à leur sommet, qui se réfléchissent à la maturité des graines; fleurs flosculeuses ou radiées, femelles à la circonférence; aigrette simple, molle et sessile.

SENEÇON JACOBÉE. *S. jacobœa.* ♃.

Demi-fleurons terminés par trois dents, d'abord planes, puis roulés en dessus; graines hérissées de poils épars.

Cette plante, commune dans les prés, est dédaignée par tous les bestiaux.

SENEÇON DES MARAIS. *S. paludosus.* ♃.

Feuilles longues, ensiformes, pointues, à dents aiguës, un peu cotonneuses en dessous.

Cette espèce croît sur le bord des étangs et des rivières, parmi les roseaux et les joncs. Les animaux n'y touchent point.

GENRE CAMOMILLE. — *ANTHEMIS.*

Involucre hémisphérique, imbriqué d'écailles presque égales; réceptacle garni de paillettes; graines couronnées par une membrane entière ou dentée.

CAMOMILLE DES CHAMPS. *A. arvensis.* ♂.

Disque jaune; couronne blanche; réceptacle conique, garni de paillettes qui dépassent les fleurons.

Cette plante, presque sans odeur, est commune dans les champs, où elle est mangée par tous les bestiaux.

CAMOMILLE COTULE OU FÉTIDE. *A. cotula.* ☉.

Elle se distingue de la précédente par son odeur forte, et ses semences nues, tronquées au sommet.

Cette plante, que tous les animaux refusent, possède des propriétés analogues à celles de l'espèce suivante.

CAMOMILLE ROMAINE. *A. nobilis.* ♃.

Tiges un peu couchées; graines couronnées par une espèce de calotte que forme en s'évasant la base du fleuron.

Cette plante, d'une odeur agréable, croît dans les pâturages secs; elle sert avec l'espèce précédente à préparer des infusions toniques, excitantes, antispasmodiques et fébrifuges.

CAMOMILLE PYRÈTHRE. *A. pyrethrum.* ♃.

Demi-fleurons blancs et un peu rougeâtres en dessous; graine comprimée, bordée sur les angles, et couronnée par une membrane.

On la trouve dans les contrées méridionales de l'Europe. Sa racine a une saveur très-piquante, qui rappelle assez bien celle du poivre.

GENRE ACHILLÉE. — *ACHILLEA.*

Fleurs à cinq ou dix rayons courts et un peu en cœur; involucre ovoïde, imbriqué d'écailles inégales; graines entiè-rement nues.

ACHILLÉE PTARMIQUE OU STERNUTATOIRE. *A. ptarmica.* ♃.

Pédicelles et involucres pubescens; feuilles étroites, poin-tues, finement dentées.

Cette plante, assez commune dans les prés un peu hu-mides, est faiblement aromatique : la poudre des feuilles et des racines provoque l'éternument.

ACHILLÉE COMPACTE. *A. compacta, sive magna.* ♃.

'Tiges pubescentes; feuilles grandes, velues surtout sur leur nervure, qui est bordée d'un appendice foliacé étroit.

Elle croît dans le midi de la France.

ACHILLÉE MILLE-FEUILLES. *A. mille-folium.* ♃.

Feuilles alongées, deux fois pinnatifides, à découpures linéaires et dentées; fleurs blanches ou purpurines; demi-fleurons en forme de cœur renversé.

Cette plante, qui n'est plus usitée en médecine, et dont les jeunes pousses seulement sont mangées par les bestiaux, nuit aux prairies hautes, où elle se trouve en abondance, parce qu'elle y tient la place de meilleures plantes fourra-geuses.

GENRE HÉLIANTHE ou SOLEIL.— *HELIANTHUS.*

Fleurons ventrus dans leur milieu; rayons neutres; invo-lucre imbriqué; semences couronnées de deux paillettes caduques.

Hélianthe annuel. *H. annuus.* ☉.

Fleur grande, jaune, penchée; feuilles à trois nervures, et hérissées.

Cette plante, originaire du Pérou, fournit des graines huileuses dont les oiseaux sont friands.

Hélianthe tubéreux. *H. tuberosus.* ♃.

Fleur droite; folioles de l'involucre ciliées; racine chargée de tubercules oblongs et féculens.

Cette plante est originaire du Brésil.

Ses feuilles, vertes ou desséchées, et les tubercules qui garnissent ses racines, sont employés avec d'immenses avantages à la nourriture des vaches et des moutons.

Propriétés générales des Composées.

Toutes les composées sont toniques ou stimulantes, et ces deux sortes de propriétés, qu'elles doivent à une huile volatile et à un principe amer, se trouvent souvent réunies dans les mêmes espèces. Quelques Chicoracées contiennent un suc laiteux narcotique, qui leur donne des propriétés plus ou moins suspectes.

LES DIPSACÉES.

Plantes dicotylédones, monopétales, épigynes, à étamines distinctes.

Les plantes de cette famille diffèrent des Composées par leur double calice, leurs anthères non soudées; par leur graine pendante dans la loge qui la renferme, et par leurs feuilles opposées.

GENRE CARDIAIRE ou CARDÈRE. — *DIPSACUS.*

Réceptacle garni de paillettes plus longues que les fleurs; semence anguleuse, couronnée par les deux calices.

CARDÈRE A FOULON. *D. fullonum.* ♂.

Fleurs d'un bleu rougeâtre, en tête conique; involucre fléchi; paillettes florales arquées en contre-bas.

La racine de cette plante, d'une saveur amère désagréable, est sans usage médical; ses capitules sont employés pour peigner les tissus de laine.

GENRE SCABIEUSE. — *SCABIOSA.*

Ce genre se distingue du précédent par le calice, dont le limbe est terminé par plusieurs soies alongées et grêles.

SCABIEUSE SUCCISE. *S. succisa.* ♃.

Involucre très-court; racine tronquée, et comme rongée à son extrémité; fleurs bleues, en tête un peu globuleuse.

Cette plante, que l'on trouve dans les bois et sur les collines sèches, était jadis employée comme sudorifique.

SCABIEUSE DES CHAMPS. *S. arvensis.* ♃.

Fleurs d'un violet pâle, portées sur des pédoncules longs et nus; fleurettes de la circonférence plus grandes que celles du centre; feuilles connées à leur base; fruit terminé par des soies longues et roides.

Cette plante, que tous les bestiaux mangent lorsqu'elle est jeune, a joui d'une grande réputation dans le traitement de la gale; mais l'expérience est loin d'avoir justifié son efficacité contre cette affection.

Scabieuse des bois. *L. sylvatica.* ♃.

Tiges chargées de poils, qui naissent chacun sur un petit point rougeâtre; feuilles ovales, avec une nervure blanche.

On la trouve dans les bois élevés, où elle est quelquefois mangée par les bestiaux.

Propriétés générales des Dipsacées.

Cette famille ne renferme que des plantes d'une saveur légèrement astringente et amère, dont l'action tonique est tellement faible, qu'elles ne sont que très-rarement employées dans la pratique médicale.

LES VALÉRIANÉES.

Plantes dicotylédones, monopétales, à étamines épigynes distinctes.

Les plantes de cette famille se distinguent des dipsacées par leurs fleurs nues, sans involucre ou calice particulier, non disposées en capitules, et par leur embryon dépourvu d'endosperme.

GENRE VALÉRIANE. — *VALERIANA.*

Calice se développant en aigrette plumeuse à la maturité des graines; corolle bossue à sa base; trois étamines.

Valériane officinale. *V. officinalis.* ♃.

Feuilles ailées; fleur d'un blanc rosé, environnée d'une bractée trifide.

On trouve cette plante dans les bois ombragés. Sa racine, d'une saveur âcre et amère, et d'une odeur désagréable, est un médicament excitant très-actif.

Valériane phu. *V. phu.* ♃.

Feuilles radicales simples, ou avec trois pinnules, les supérieures ailées ; fleurs blanches, en panicule.

On la trouve dans les montagnes de l'Alsace.

Sa racine jouit de propriétés assez analogues à celles de la précédente espèce.

Propriétés générales des Valérianées.

La plupart des plantes de cette famille, si l'on en excepte la valériane, ne jouissent d'aucune propriété médicale bien marquée ; elles sont généralement sans odeur ni saveur.

LES RUBIACÉES.

Plantes dicotylédones, monopétales, à étamines épigynes distinctes.

Calice adhérent avec l'ovaire dans presque toute son étendue ; corolle monopétale, régulière, ordinairement à quatre lobes ; quatre ou cinq étamines ; un style à deux stigmates ; deux graines accolées, à périsperme corné ; feuilles opposées ou verticillées.

GENRE ASPÉRULE. — *ASPERULA.*

Corolle en entonnoir ; fruit composé de deux baies sèches, non couronnées par les débris du calice.

Aspérule odorante. *A. odorata.* ♃.

Feuilles lancéolées, un peu ciliées, au nombre de huit par verticille ; fruits un peu velus.

Cette plante, qui croît dans les bois et les lieux couverts, communique son odeur agréable au fourrage sec avec lequel elle se trouve mélangée.

ASPÉRULE A L'ESQUINANCIE. *A. cynanchica.* ♃.

Feuilles supérieures opposées, les inférieures quaternées, fleurs d'un rose pâle.

Cette plante, que l'on trouve sur les collines pierreuses et dans les prés arides, où elle est très-recherchée par les bestiaux, était autrefois employée en gargarismes astringents dans les inflammations peu intenses de la gorge.

GENRE GALIET ou CAILLE-LAIT. — *GALIUM.*

Corolle en roue; deux capsules ovoïdes, accolées, non couronnées par le calice; fleurs quelquefois polygames; semences glabres ou hérissées.

GALIET JAUNE. *G. verum.* ♃.

Feuilles partagées par un sillon; fleurs jaunes en grappe interrompue.

On a long-temps cru que cette plante caillait le lait; mais aujourd'hui on est parfaitement convaincu qu'elle ne jouit point de cette propriété. Les sommités fleuries du galiet ont une odeur et une saveur aromatiques assez prononcées.

GENRE VAILLANTIE. — *VAILLANTIA, sive VALANTIA.*

Corolle en cloche, à trois ou quatre divisions; capsule à trois cornes très-saillantes.

VAILLANTIE CROISETTE. *V. cruciata.* ♃.

Tiges presque toutes couchées, très-velues; feuilles nombreuses, d'un vert jaune.

Cette plante, qui croît dans les lieux un peu humides, n'est mangée par les bestiaux que lorsqu'elle est mélangée avec d'autre fourrage.

GENRE GARANCE. — *RUBIA.*

Calice à quatre ou cinq dents; corolle *idem* ; quatre ou cinq étamines ; deux baies obrondes, glabres.

GARANCE DES TEINTURIERS. *R. tinctorum.* L.

Racine rouge à l'extérieur, jaune en dedans; tiges et feuilles hérissées de dents accrochantes ; fleurs jaunâtres.

La racine de garance est employée dans les arts pour teindre en rouge.

Propriétés générales des Rubiacées.

Autant les Rubiacées présentent d'analogie sous le rapport de leurs caractères botaniques, autant elles en offrent encore sous le rapport de leurs propriétés. Ainsi, la plupart de ces plantes, et principalement les différentes espèces de *quinquinas* (1), contiennent dans leur écorce un principe amer astringent très-abondant. La racine de quelques autres Rubiacées fournit un principe colorant rouge, tandis que cette même partie, dans d'autres espèces, possède une vertu émétique très-prononcée, tel que cela se remarque dans les ipécacuahnas. Ajoutons que c'est encore à cette famille qu'appartient le café, et nous serons convaincus que parmi les Rubiacées se trouvent quelques-unes des plantes les plus utiles et les plus intéressantes du règne végétal.

---

(1) Voir les Traités de matière médicale pour les caractères et les propriétés des quinquinas et des ipécacuahnas.

LES CAPRIFOLIACÉES.

Plantes dicotylédones, monopétales, à étamines épigynes distinctes.

Calice adhérent avec l'ovaire infère; corolle polypétale, régulière ou irrégulière; quatre ou cinq étamines; style simple ou nul; un ou trois stigmates; fruit ordinairement charnu, à une ou plusieurs graines, et souvent couronné par le limbe du calice.

GENRE SUREAU. — *SAMBUCUS.*

Calice à cinq petites dents; corolle en roue, à cinq lobes; baie obronde, tétrasperme.

Sureau yèble. *S. ebulus.* ♃.

Tige verte; folioles des feuilles longues et étroites.

Toutes les parties de cette plante sont douées de propriétés purgatives assez énergiques.

Sureau noir. *S. nigra.* ♄.

Arbrisseau à écorce grise; feuilles ovales, moins longues et moins étroites que celles de l'espèce précédente; baies d'abord rouges, puis noires à la maturité.

Les fleurs de sureau sont légèrement excitantes, l'enveloppe herbacée des jeunes tiges et les baies sont purgatives.

GENRE LIERRE. — *HEDERA.*

Calice à cinq dents caduques; anthères vacillantes, bifides à leur base; baie à cinq semences.

Lierre grimpant ou commun. *H. helix.* ♄.

Tiges sarmenteuses, à vrilles radicantes ; feuilles coriaces et luisantes ; fleurs blanches en petites ombelles ; baies noires.

Propriétés générales des Caprifoliacées.

Les plantes de cette famille doivent les propriétés dont elles jouissent à deux principes qu'on retrouve dans presque toutes leurs parties. L'un de ces principes, astringent, réside principalement dans les feuilles ; tandis que l'autre, plus abondant et peu connu dans sa nature intime, rend ces végétaux purgatifs. Les fleurs des Caprifoliacées sont odorantes, mucilagineuses, et légèrement diaphorétiques.

LES OMBELLIFÈRES.

Plantes dicotylédones, polypétales, épigynes.

Calice entier ou à cinq dents ; cinq pétales ; cinq étamines ; deux styles ; deux stigmates ; deux semences de forme variée, attachées par leur partie supérieure à un axe central, simple ou divisé ; fleurs blanches ou jaunes, en ombelles ; feuilles le plus ordinairement composées.

GENRE BOUCAGE. — *PINPINELLA.*

Involucre et involucelles nuls ; stigmate globuleux ; pétales cordiformes, blancs ; fruit ovoïde, strié ; ombelles penchées avant la floraison.

Boucage saxifrage. *P. saxifraga.* ♃.

Foliole terminale des feuilles ordinairement trilobée ; fruit glabre et un peu comprimé.

Cette plante est très-commune dans les bois et les pâturages secs ; sa racine , d'une saveur un peu âcre , est légèrement diurétique. Ses fruits sont odorans et excitans. Tous les bestiaux la mangent avec plaisir ; on prétend même que les vaches qui s'en nourrissent donnent une plus grande quantité de lait.

BOUCAGE ANIS. *P. anisum.* ☉.

Étamines plus longues que les pétales ; fruits légèrement pubescens ; feuilles supérieures à divisions alongées et linéaires.

Cette plante est originaire du Levant. Ses fruits , qui ont une saveur sucrée et aromatique , fournissent une huile volatile très-excitante.

BOUCAGE A GRANDES FEUILLES. *P. magna.* ♃.

Elle se distingue des espèces précédentes par ses feuilles très-grandes , à folioles trilobées.

On la trouve dans les lieux incultes. Ses propriétés sont les mêmes que celles de la première espèce.

GENRE CARVI. — *CARUM.*

Une ou trois folioles formant l'involucre ; point d'involucelles ; pétales carénés ; fruit ovoïde , offrant trois côtes sur chaque moitié.

CARVI COMMUN OU OFFICINAL. — *C. carvi.* ♂.

Involucre à une foliole linéaire ; pétales bifides ; feuilles deux fois ailées , à découpures linéaires , et disposées en croix autour de la côte principale.

On trouve cette plante dans les localités élevées. Sa racine et ses fruits sont carminatifs ; les bestiaux mangent sa fane avec plaisir.

GENRE ACHE. — *APIUM.*

Involucre et involucelles nuls, ou composés de plusieurs folioles ; pétales jaunes, terminés par une petite pointe recourbée ; fruits obronds, striés.

Ache persil. *A. petroselinum.* ♂.

Tige glabre, striée ; les pétioles et leurs divisions sont canaliculés ; involucre et involucelles de six à huit folioles linéaires, presque unilatérales.

La racine de persil est diurétique et diaphorétique. Toutes les parties de cette plante sont un poison pour quelques oiseaux, tandis qu'elles sont mangées sans aucun accident par les autres animaux.

Ache odorante. *A. graveolens.* ♂.

Feuilles à folioles triangulaires, larges et luisantes ; ombelles axillaires et souvent sessiles ; point d'involucre ni d'involucelles ; chaque akène a trois côtes saillantes.

Cette plante, qui porte le nom de *céleri* lorsqu'elle est cultivée, croît naturellement dans les marais. Elle a une odeur aromatique et une saveur très-piquante. Sa racine est diurétique. Le céleri est employé ou comme aliment, ou comme stimulant et antiscorbutique.

GENRE ANETH. — *ANETHUM.*

Involucre et involucelles nuls ; pétales entiers, jaunâtres, roulés en dedans ; fruit presque ovale, comprimé et profondément strié.

Aneth fenouil. *A. fœniculum.* ♃.

Feuilles décomposées en un grand nombre de segmens capillaires et subulés.

Le fenouil croît dans les contrées les plus chaudes de l'Europe. Il répand une odeur aromatique assez agréable. Sa saveur est âcre et sucrée.

ANETH ODORANT. *A. graveolens.* ☉.

Chaque akène est marqué de cinq petites côtes membraneuses ; feuilles à folioles linéaires, souvent bifurquées.

Cette plante croît dans le midi de la France, où elle est
connue sous les noms d'*aneth* et de *fenouil puant*. Elle jouit
des mêmes propriétés que l'espèce précédente, mais elle est
moins fréquemment employée.

GENRE PANAIS. — *PASTINACA.*

Point d'involucre ni d'involucelles ; graines planes, elliptiques, ailées, à trois nervures sur un des côtés ; fleurs
jaunes.

PANAIS CULTIVÉ. *P. sativa.* ♂.

Tige de trois à quatre pieds, cannelée ; feuilles velues,
composées de folioles lobées, incisées et dentées ; ombelles
larges ; racine fusiforme.

Cette plante, dont la racine a une saveur sucrée et aromatique, est cultivée en grand dans certains pays pour la nourriture des animaux domestiques.

PANAIS OPOPANAX. *P. opopanax.* ♃.

Cette espèce, qui ne diffère de la précédente que par un
plus grand développement dans toutes ses parties, et par ses
fruits qui ne sont que légèrement striés, fournit la substance
gommo-résineuse nommée *opopanax*.

GENRE SÉSELI. — *SESELI.*

Involucre nul ou monophylle ; involucelles polyphylles ;
graines petites, ovoïdes, striées ; ombellules globuleuses ;
feuilles à découpures très-fines, dont la teinte est généralelement glauque.

Séseli de montagne. *S. montanum.* ♃.

Feuilles radicales, décomposées comme celles de la carotte; ombellules serrées et peu nombreuses.

Cette plante, dont toutes les parties sont âcres et aromatiques, habite les lieux secs et montueux.

GENRE IMPÉRATOIRE. — *IMPERATORIA.*

Involucre nul; involucelles à une ou deux petites folioles; graines comprimées, elliptiques, ailées, munies de trois côtes dorsales.

Impératoire ostruthium ou des montagnes. *J. ostruthium.* ♃.

Racine grosse, un peu noueuse; feuilles à folioles larges, trilobées et dentées; ombelles grandes et planes.

Elle croît dans les pâturages élevés. Sa racine est aromatique et stimulante.

GENRE MYRRHIS. — *CHÆROPHYLLUM.*

Graines alongées, lisses ou striées, demi-cylindriques et tronquées au sommet.

Myrrhis sauvage. — *Ch. sylvestre.* ♃.

Tige velue inférieurement, striée et renflée sous chaque articulation; fruit lisse, luisant, noirâtre à sa maturité.

Cette plante, commune dans les prés et le long des haies, répand une odeur assez désagréable. Les ânes la mangent avec avidité. Les autres bestiaux, qui la rejettent d'abord, finissent par s'accoutumer à cette sorte de fourrage; l'on a même observé que les vaches qui s'en nourrissaient pendant long-temps donnaient un lait abondant et d'excellente qualité.

Myrrhis penché. *C. temulum.* ☉.

Tiges rudes au toucher, portant un gros renflement en

dessous de chaque articulation ; folioles velues ; fruit strié.

Cette plante, qui est assez commune partout, présente les mêmes avantages économiques que l'espèce précédente.

GENRE CERFEUIL. — *SCANDIX.*

Involucre nul ; pétales extérieurs plus grands que les autres ; fruit finement strié, hérissé de quelques poils courts, et surmonté d'une longue pointe subulée.

Cerfeuil peigne de Vénus. *S. pecten.* ☉.

Fruit terminé par une longue corne comprimée et hérissée à sa base.

Cette plante, qui nuit aux récoltes dans lesquelles elle est abondante, fournit un fourrage amer que les bestiaux ne recherchent jamais.

Cerfeuil musqué ou odorant. *S. odorata (sive chœrophyllum odoratum.)* ♃.

Fruit luisant, remarquable par ses profondes cannelures ; feuilles souvent marquetées de taches blanches.

La graine de cette espèce, qui croît dans les pâturages élevés du Midi, a une odeur analogue à celle de l'anis.

GENRE CORIANDRE. — *CORIANDRUM.*

Calice à cinq dents ; pétales plus grands sur les bords de l'ombelle, ceux du centre égaux entre eux ; involucre nul ou à une foliole ; involucelles polyphylles ; graines globuleuses ou didymes, couronnées par les dents du calice.

Coriandre cultivée. *C. sativum.* ☉.

Fleurs d'un blanc rosé ; semences globuleuses, légèrement striées ; involucelles triphylles.

Cette plante, originaire d'Italie, est cultivée pour ses fruits, qui sont employés dans la médecine de l'homme comme carminatifs et stomachiques. La coriandre fraîche répand une odeur de punaise très-forte ; mais elle ne jouit d'aucune propriété malfaisante.

GENRE ÆTHUSE. — *ÆTHUSA.*

Les æthuses diffèrent des ciguës par l'absence d'involucre, par les involucelles réfléchis, et par les fruits à côtes non crénelées.

Æthuse ache des chiens ou petite cigue. *Æ. cynapium.* ☉.

Involucre nul ; involucelles à segmens débordant les ombelles. Cette plante se distingue du persil, auquel elle ressemble beaucoup, par ses fleurs blanches, son fruit ovoïde et son odeur nauséeuse. Elle jouit de propriétés délétères aussi énergiques que la grande ciguë. On combat les accidens que détermine son introduction dans l'estomac par les vomitifs et l'eau acidulée.

GENRE CIGUE. — *CICUTA sive CONIUM.*

Fruit globuleux, marqué de cinq côtes obtuses et crénelées.

Cigue commune. *C. major, sive Conium maculatum.* ♂.

Tiges marquées de taches d'une couleur pourpre foncée.

Cette plante, l'une des plus vénéneuses de la famille qui nous occupe, est commune dans les lieux incultes et pierreux. Les antidotes les plus efficaces, dans le cas d'empoisonnement par cette ombellifère, sont les acides végétaux et le vin. Dans la médecine de l'homme, la poudre de ciguë a été employée avec succès contre les affections du système nerveux, et contre les engorgemens glanduleux indolens.

Cigue vireuse. *C. virosa, sive Cicutaria aquatica.* ♃.

Fruit à côtes non crénelées ; involucelles à segmens plus longs que les ombelles.

Cette espèce, qui diffère des ciguës par ses fruits à côtes simples, et des æluses par ses pétales égaux et ses involucelles étalés et non réfléchis d'un seul côté, est rangée par quelques auteurs dans un genre particulier nommé *cicutaire*. On trouve cette plante le long des courans d'eau. Ses propriétés vénéneuses sont très-énergiques. Sa racine, qu'il serait dangereux de confondre avec celle du panais, à laquelle elle ressemble, s'en distingue par ses lacunes intérieures, qui contiennent un suc jaunâtre, très-vénéneux.

GENRE PHELLANDRE ou OENANTHE. — *PHELLANDRIUM sive OENANTHE.*

Involucre nul ou composé de plusieurs folioles ; involucelles polyphylles ; pétales inégaux, ceux de la circonférence de l'ombelle plus grands ; fruit prismatique, strié, couronné par les dents du calice et le style ; ombellules globuleuses.

PHELLANDRE AQUATIQUE. *P. aquaticum;* ou OENANTHE PHELLANDRE. *P. œnanthe.* ♂.

Tige noueuse, striée, donnant naissance de ses nœuds inférieurs à des radicelles annulaires ; feuilles pinnées, très-grandes.

Cette plante, dont l'odeur a quelque analogie avec celle du cerfeuil, croît abondamment sur le bord des eaux. Elle est d'un usage dangereux pour tous les animaux.

OENANTHE FISTULEUSE. *OE. fistulosa.* ♃.

Feuilles linéaires ; tiges pédoncules, et pétioles creux intérieurement ; ombellules ramassées, mais planes. Les fruits forment à leur maturité une tête hérissée.

Cette plante, qui est commune dans les marais, partage les propriétés malfaisantes de l'espèce précédente.

OEnanthe globuleuse. *OE. globulosa.* ♃.

Racine napiforme ; ombellules serrées et arrondies ; fruits ovoïdes, formant une tête sphérique.

Elle croît dans les étangs, et tout ce que nous avons dit des propriétés que possèdent les espèces précédentes, lui est entièrement applicable.

OEnanthe safranée ou a suc jaune. *OE. crocata.* ♃.

Racine formée de plusieurs tubercules alongés. Toutes les parties de cette plante laissent écouler un suc jaunâtre lorsqu'on les brise.

C'est dans les prés humides, sur le bord des fossés et des étangs, que croît cette ombellifère, qui est une des plus vénéneuses de la famille.

GENRE CUMIN. — *CUMINUM.*

Involucre et involucelles polyphylles ; pétales égaux et échancrés ; fruit ellipsoïde, strié ; ombelles et ombellules le plus ordinairement à quatre rayons.

Cumin officinal. *C. cyminum.* ♃.

Tige glabre inférieurement, et un peu velue supérieurement ; feuilles multifides, comme celles du fenouil ; pétales blancs ou rougeâtres.

Le cumin est originaire du Levant. Ses semences, qui ont une saveur aromatique agréable, sont employées aux mêmes usages que celles de l'anis et du fenouil.

GENRE ANGÉLIQUE. — *ANGELICA.*

Calice presqu'à cinq dents ; pétales lancéolés, réfléchis ; chaque akène porte cinq côtes saillantes, dont trois dorsales rapprochées ; involucre nul ou polyphylle, comme les involucelles ; styles réfléchis.

Angélique archangélique ou officinale. *A. archangelica.* ♂.

Tiges grandes, un peu rougeâtres à la base; fleurs verdâtres, en ombelles sphériques.

Cette plante habite les localités élevées des provinces méridionales. Toutes ses parties ont une odeur et une saveur aromatiques agréables. L'infusion des racines est employée en médecine comme sudorifique et diurétique. Les jeunes pousses de la tige, confites au sucre, forment un bonbon stomachique très-recherché.

GENRE LIVÈCHE. — *LIGUSTICUM.*

Calice comme dans le genre précédent; involucre à folioles plus nombreuses; fruit ovoïde, plus long et plus étroit, à côtes également distantes.

Livêche ordinaire ou a feuilles d'ache. *L. levisticum.* ♃.

Feuilles grandes, à folioles planes, cunéiformes, lisses, luisantes, incisées ou lobées vers leur sommet seulement.

Dans les provinces du Midi, on mange les feuilles et les jeunes pousses de cette plante, comme le céleri. Sa racine et ses fruits ont une saveur âcre et légèrement aromatique.

GENRE CRITHME. — *CRITHMUM.*

Calice entier; pétales *idem*, égaux et roulés en dedans; fruit ellipsoïde, strié, à écorce fongueuse; involucre et involucelles polyphylles; ombelles et ombellules hémisphériques.

Crithme maritime ou commun. *C. maritimum.* ♃.

Fleurs en ombellules polygames; fleur du centre la plus grande, hermaphrodite; les autres sont mâles et stériles par l'absence du style et du stigmate ; feuilles à folioles linéaires et charnues.

Cette plante croît sur les rochers voisins de la mer. Sa saveur est aromatique et salée.

GENRE BERCE. — *HERACLEUM.*

Calice presque entier ; pétales du bord de l'ombelle grands et bifides ; fruit elliptique, comprimé, strié, et un peu échancré au sommet ; graines membraneuses.

Berce branc-ursine. *H. spondylium.* ♃.

Ombelles grandes et planes ; feuilles amples, lobées et hispides en dessous.

Cette plante est assez commune dans les prés. Ses graines sont carminatives et ses feuilles émollientes. Quoique la berce soit mangée dans sa jeunesse par les bestiaux, elle n'en doit pas moins être considérée comme une plante nuisible dans les prairies, parce qu'elle empêche la végétation des autres plantes par son large feuillage, et qu'elle ne peut faire de fourrage sec à cause de la dureté de ses tiges.

GENRE LASER. — *LASERPITIUM.*

Calice à peine denté ; involucre polyphylle ; involucelles nuls ; graines ovoïdes, à plusieurs ailes membraneuses, souvent laciniées.

Laser a larges feuilles. *L. latifolium.* ♃.

Feuilles à folioles cordiformes, dentées et glauques en dessous ; fruits à ailes crispées et violettes à la base.

On trouve cette plante dans les bois et les lieux élevés.

GENRE PEUCEDANE. — *PEUCEDANUM.*

Fruit ovale, légèrement comprimé, à côtes amincies.

PEUCEDANE OFFICINAL. *P. officinale.* ♃.

Fruits obronds, non comprimés et sans rebords saillans.

Cette plante habite les lieux humides.

GENRE AMMI. — *AMMI.*

Calice entier; pétales égaux dans le centre de l'ombelle, et inégaux à la circonférence; involucres à folioles pinnées; graines oblongues, convexes et striées.

AMMI A GRANDES FEUILLES OU OFFICINAL. *A. majus.* ☉.

Feuilles inférieures à cinq folioles ovales et dentées en scie; folioles de l'involucre n'ayant ordinairement que trois découpures.

On trouve cette plante sur le bord des champs. Ses fruits, d'une saveur âcre et faiblement aromatique, étaient autrefois employés dans la médecine de l'homme.

GENRE CAROTTE. — *DAUCUS.*

Pétales inégaux; involucre et involucelles pinnatifides; fruit ovoïde, hérissé de poils rudes; pédoncules rapprochés après la maturité des graines.

CAROTTE COMMUNE. *D. carota.* ♂.

Tiges et feuilles hérissées de poils rudes. Au centre de l'ombelle on trouve une fleur de couleur pourpre; fruit à cinq petites dents.

La carotte sauvage est très-commune dans les prés, où elle diminue la qualité du fourrage, parce que sa fane, verte ou sèche, est toujours extrêmement dure, et peu du goût des bestiaux. Lorsque la carotte est cultivée, elle fournit une racine pivotante, de couleur variée, plus ou moins grosse et sucrée, dans laquelle l'homme et les animaux trouvent une alimentation aussi nourrissante que saine. Réduite en pulpe, elle peut servir à préparer des cataplasmes adoucissans.

GENRE ASTRANCE. — *ASTRANTIA.*

Fleurs rapprochées en tête ; involucre à deux ou trois folioles multifides ; involucelles de dix-huit à vingt folioles colorées, plus longues que les fleurs.

ASTRANCE A GRANDES FEUILLES. *A. major.* ♃.

Feuilles trilobées, à dents aiguës ; fleur imitant celle des plantes radiées.

Elle croît dans les montagnes des Vosges, du Jura, des Cevennes, etc.

GENRE SANICLE. — *SANICULA.*

Fleurs du centre de l'ombelle stériles ; graines oblongues, hérissées de pointes dures et crochues.

SANICLE D'EUROPE. *S. europœa.* ♃.

Ombelles portées sur des hampes nues, rougeâtres ; feuilles inférieures à cinq lobes disposés en croix.

Elle croît dans les bois ombragés. Ses feuilles, qui ont une saveur amère et un peu acerbe, étaient autrefois employées contre les hémorrhagies. Les habitans des campagnes la donnent quelquefois aux vaches qui viennent de vêler.

GENRE PANICAUT. — *ERYNGIUM.*

Réceptacle garni de paillettes ; graines ovoïdes, striées ou tuberculées, couronnées par les dents épineuses du calice.

PANICAUT DES CHAMPS. *E. campestre.* ♃.

Cette plante, qui ressemble à un chardon, a des feuilles

épineuses diversement contournées et décurrentes, des involucres à segmens épineux et des fruits écailleux.

Elle est très-commune dans les lieux incultes et sur le bord
des chemins. Sa racine a une saveur amère et légèrement
aromatique, qu'elle perd par la cuisson dans l'eau.

PANICAUT MARITIME. *E. maritimum. ♃.*

Feuilles épineuses, non décurrentes, les inférieures arrondies; paillettes du réceptacle tricuspides.

On trouve cette espèce dans les sables des bords de la
mer.

Propriétés générales des Ombellifères.

Les plantes de cette famille contiennent deux principes de
nature différente auxquels elles doivent leurs propriétés. Les
Ombellifères, dans lesquelles prédomine un principe résineux
et aromatique, sont toniques et excitantes. Celles dans lesquelles ce principe est uni à un mucilage abondant, fade ou
sucré, sont employées à la nourriture de l'homme et des animaux domestiques; tandis que l'on doit considérer comme
étant d'un usage plus ou moins dangereux toutes les espèces
qui ne fournissent qu'un extractif amer peu odorant.

LES RENONCULACÉES.

Plantes dicotylédones, polypétales, hypogynes.

Plantes herbacées, à feuilles alternes, très-rarement opposées; fleurs parfois entourées d'un involucre; calice souvent pétaloïde; corolle polypétale,
quelquefois nulle; étamines indéfinies; anthères attachées le long du bord des filets; stigmate simple.
Fruits déhiscens, composés de petits akènes ou de

capsules agrégées, distinctes et quelquefois soudées.

On peut diviser cette famille en deux sections très-naturelles.

Première Division. — Ovaire monosperme.

Un calice, une corolle.

GENRE RENONCULE. — *RANUNCULUS.*

Calice coloré; pentaphylle caduc; corolle à cinq pétales; une écaille sur chaque onglet, ou une fossette glandulifère; styles nuls; capsules réunies en tête.

RENONCULE AQUATIQUE. *R. aquatilis.* ♃.

Feuilles submergées, capillaires; feuilles émergées, à trois ou cinq lobes; semences striées en travers.

Cette plante, d'une saveur âcre, est rejetée par les bestiaux : elle croît dans les marais.

RENONCULE SCÉLÉRATE. *R. sceleratus.* ☉.

Feuilles inférieures palmées, les supérieures digitées; fleurs jaunes en bouquet; calice un peu velu; fruit obrond.

La tige et les feuilles de cette plante sont d'une amertume âcre, surtout près de la racine. Les fleurs et les feuilles, appliquées sur la peau, y déterminent en très-peu de temps des phlyctènes. Schreberg dit que le bétail broute néanmoins cette plante, lorsqu'elle se trouve mêlée avec d'autres végétaux : il est cependant d'observation que le cheval et le bœuf la refusent lorsqu'on la leur présente seule.

RENONCULE RAMPANTE. *R. repens.* ♃.

Tige naissant de rejets couchés sur le sol; calice ouvert; pédoncules sillonnés.

Cette plante, toujours nuisible dans les prairies, où elle se multiplie beaucoup en traçant, n'est mangée que par les chèvres et les moutons.

RENONCULE ACRE. *R. acris.* ♃.

Dents du calice marquées de petites taches noires; feuilles inférieures multifides, les supérieures linéaires.

Cette espèce, que les moutons et les cochons mangent impunément, malgré son âcreté, a été conseillée pour guérir le farcin des chevaux.

RENONCULE BULBEUSE. *R. bulbosus.* ♃.

Calice réfléchi ; racines renflées.

Cette plante, dont toutes les parties jouissent d'une extrême âcreté, est refusée par les vaches, et mangée par les moutons.

RENONCULE GRAMINÉE. *R. gramineus.* ♃.

Feuilles étroites, linéaires , ressemblant à celles des graminées.

Elle croît dans les lieux stériles.

RENONCULE LANGUE. *R. lingua.* ♃.

Feuilles très-longues, bordées de quelques dents écartées; fleurs jaunes, très-grandes.

Cette plante, dont toutes les parties sont très-âcres, croît abondamment dans les prairies humides.

RENONCULE FLAMMULE. *R. flammula.* ♃.

Feuilles lancéolées, à pétioles embrassans; fleurs jaunes, ordinairement portées sur des pédoncules géminés; fruit rond.

Cette plante, très-âcre, croît dans les prairies marécageuses. L'huile d'olive à grande dose a été conseillée pour combattre les accidens qui résultent de son ingestion dans les voies digestives.

RENONCULE FICAIRE. *R. ficaria.* ♃.

Calice triphylle; corolle à sept ou dix pétales.

Cette plante est commune dans les mauvaises prairies; ses feuilles et ses fleurs ne jouissent d'aucune âcreté. Les chèvres et les moutons sont les seuls animaux domestiques qui ne la refusent point.

GENRE ADONIDE. — *ADONIS.*

Calice pentaphylle; corolle à cinq pétales, sans onglets; styles nuls; fruit en tête alongée.

ADONIDE D'ÉTÉ. *A. œstivialis.* ☼.

Fleurs d'un rouge très-vif; capsules terminées par un crochet.

ADONIDE D'AUTOMNE. *A. autumnalis.* ☼.

Corolle à huit pétales.

Ces deux espèces de plantes croissent dans les champs cultivés.

Un calice.

GENRE ANÉMONE. — *ANEMONE.*

Calice corolliforme de cinq à quinze sépales; involucre de trois folioles; graines réunies en tête pointue, ou terminée par un appendice soyeux.

ANÉMONE DES BOIS. *A. sylvatica.* ♃.

Calice à six sépales, d'un blanc rougeâtre; feuilles à folioles trifides et dentées.

10

Cette plante, que les chèvres et les moutons mangent impunément, cause le pissement de sang aux vaches.

ANÉMONE RENONCULOÏDE. *A. ranunculoïdes.* ♃.

Tige le plus souvent à deux fleurs; feuilles trifides, dentées à l'extrémité; sépales oblongs, obtus et ouverts.

ANÉMONE PRINTANIÈRE. *A. vernalis.* ♃.

Feuilles ailées, à folioles cunéiformes; pédoncules s'alon-
geant à la maturité des grains.

Elle croît dans les pâturages secs et montueux.

ANÉMONE PULSATILE. *A. pulsatilla.* ♃.

Feuilles soyeuses; involucre formé d'une seule pièce;
fleurs violettes, à plusieurs glandes pédicellées.

Les chèvres et les moutons sont les seuls animaux qui
mangent cette plante, dont les feuilles étaient autrefois employées par les maréchaux comme résolutives?

GENRE CLÉMATITE. — *CLEMATIS.*

Calice tétrasépale; graines terminées par un style plumeux;
feuilles opposées.

CLÉMATITE DES HAIES. *C. vitalba.* ♄.

Tige sarmenteuse; rameaux anguleux; pétiole commun,
roulé en vrille à son extrémité; fleurs blanches axillaires;
feuilles composées de cinq folioles.

Toutes les parties de cette plante ont une saveur âcre et
brûlante; les feuilles écrasées et appliquées sur la peau, y
déterminent des phlyctènes et des ulcères superficiels.

GENRE PIGAMON. — *THALICTRUM.*

Périanthe à quatre ou cinq sépales caducs ; styles nuls ;
étamines plus longues que le calice.

PIGAMON POURPRE. *T. atro-purpureum.* ♃.

Périanthe violet, strié de blanc ; tige violacée ; feuilles à
lobes arrondis.

PIGAMON DES PRÉS. *T. flavum.* ♃.

Feuilles trichotomes, à lobes pointus ; calice tétrasépale ;
fleurs jaunes en panicule.

Cette plante croît dans les prairies humides, où elle altère
la qualité du foin, bien qu'elle soit mangée par les bestiaux. Sa racine donne un suc jaune, doux et amer, auquel
on attribue des propriétés diurétiques.

Deuxième division. — Ovaire polysperme.

Un calice et une corolle.

GENRE HELLÉBORE. — *HELLEBORUS.*

Calice à quatre ou cinq folioles coriaces, persistantes ; corolle de cinq à douze pétales tubuleux ; étamines nombreuses ;
style subulé et arqué ; capsules oblongues, s'ouvrant du côté
interne.

HELLÉBORE FÉTIDE. *H. fœtidus.* ♃.

Feuilles d'un vert sombre, les inférieures en pédales ; fleurs
vertes, bordées de rose.

Cette plante croît dans les lieux incultes et pierreux.

HELLÉBORE VERT. *H. viridis.* ♃.

Fleurs verdâtres, peu nombreuses, axillaires ; feuilles luisantes et coriaces.

HELLÉBORE NOIR. *H. niger.* ♃.

Feuilles longuement pétiolées; fleurs blanches, lavées de rouge.

Les différentes espèces d'hellébore, dont les racines sont fort souvent employées pour passer des trochiques aux bœufs, doivent être considérées comme des poisons âcres très-actifs.

GENRE NIGELLE. — *NIGELLA.*

Calice à cinq divisions pétalliformes; corolle à cinq ou huit pétales plus courts que le calice; cinq ou dix capsules soudées de manière à n'en former qu'une seule à plusieurs loges.

NIGELLE CULTIVÉE. *N. sativa.* ☉.

Tiges glabres, striées; fleurs bleues, avec involucre; capsule globuleuse.

L'amande des graines a une saveur âcre et piquante, analogue à celle du poivre.

NIGELLE DES CHAMPS. *N. arvensis.* ☉.

Fleurs d'un bleu clair ou blanches, sans involucre; capsule alongée ou profondément divisée.

Cette plante est plus inutile que dangereuse dans les champs cultivés.

GENRE DAUPHINELLE. — *DELPHINIUM.*

Calice à cinq folioles, la supérieure terminée en éperon; corolle de quatre pétales soudés, et prolongés en éperon.

DAUPHINELLE CONSOUDE. *D .consolida.* ☉.

Tige pubescente; feuilles découpées en lanières; fleurs bleues en grappe; une seule capsule velue.

Les chèvres et les moutons sont les seuls animaux qui mangent cette plante. L'eau distillée sur les fleurs était autrefois employée comme collyre résolutif; les semences réduites en poudre ont été conseillées pour détruire le charançon.

DAUPHINELLE STAPHISAIGRE. *D. staphisagria.* ♂.

Tige velue, d'un vert mêlé de pourpre; feuilles velues en dessous; fleurs d'une couleur grise terne; trois bractées linéaires; trois capsules cotonneuses.

Cette plante est un poison pour tous les animaux. La substance vénéneuse, connue sous le nom de *Delphine*, est retirée de ses graines.

GENRE ANCOLIE. — *AQUILEGIA*.

Calice à cinq sépales; corolle à cinq pétales corniculés, ou en capuchon, dont l'onglet est latéral; cinq ovaires, entourés de dix paillettes.

ANCOLIE COMMUNE. *A. vulgaris.* ♃.

Tige velue; feuilles trois fois ternées; à folioles trilobées, d'un vert glauque en dessous; fleurs de couleur amaranthe, et plus rarement bleues ou blanches.

Elle croît dans les bois et les haies.

GENRE ACONIT. — *ACONITUM*.

Calice pétaloïde, à cinq sépales, le supérieur en casque; corolle à trois pétales, les trois inférieurs très-petits et linéaires; trois ou cinq capsules.

ACONIT TUE-LOUP. *A. lycoctonum.* ♃.

Fleurs terminales, d'un jaune livide; feuilles d'un vert obscur, à trois ou cinq lobes un peu velus.

Le suc des diverses parties de cette plante, et surtout des racines et des feuilles, est un violent poison pour tous les animaux.

ACONIT NAPEL.. *A. napellus.* ♃.

Fleurs bleues, à casque obtus; feuilles à découpures linéaires, glabres, et sillonnées à leur surface supérieure.

Le suc des feuilles et des racines de cette plante est vésicant.

ACONIT A GRANDES FLEURS. *A. commarum.* ♃.

Casque très-grand, d'un bleu pourpre.

Cette espèce jouit des mêmes propriétés que la précédente.

GENRE ACTÉE. — *ACTÆA.*

Calice à quatre folioles concaves, orbiculaires, caduques; corolle à quatre ou huit pétales étroits, caducs; style nul; une baie.

ACTÉE EN ÉPI. — *A. SPICATA.* ♃-

Fleurs blanches en épi terminal; feuilles ailées; baies noires.

Buchoz dit que les jeunes pousses font mourir les moutons, et que les chiens auxquels on fait manger cette plante meurent dans les convulsions. Cependant, ajoute-t-il, les chèvres, et quelquefois les vaches, en mangent sans qu'il en résulte d'accidens.

Elle croît dans les bois.

GENRE PIVOINE. — *PÆONIA.*

Calice pentasépale; corolle à cinq pétales; style nul; stigmate en tête; trois ou cinq capsules polyspermes, cotonneuses, contenant des graines sphériques luisantes.

PIVOINE OFFICINALE. *P. officinalis. L.*

Fleurs d'un rouge cramoisi très-éclatant.

PIVOINE A FEUILLES MENUES. *P. tenuifolia. L.*

Feuilles à folioles linéaires, multifides. Elle est originaire de Sibérie.

Les racines des pivoines ont une odeur forte et nauséeuse lorsqu'elles sont fraîches, et une saveur douceâtre, qui se change bientôt en amertume. On les a long-temps vantées comme un puissant antispasmodique.

Un calice.

GENRE POPULAGE. — *CALTHA.*

Périanthe de cinq à huit parties ouvertes; cinq ou dix capsules polyspermes disposées circulairement, s'ouvrant par leur côté interne.

POPULAGE DES MARAIS. *C. palustris. L.*

Feuilles entières, réniformes; les supérieures sessiles; fleurs jaunes terminales.

Cette espèce, qui croît dans les prés humides et marécageux, était autrefois employée, sous le nom de *populago*, comme purgative et antiscorbutique.

Propriétés générales des Renonculacées.

Toutes les plantes qui composent cette famille contiennent un principe âcre très-vénéneux, qui se détruit par l'action de l'eau bouillante et par la dessiccation : aussi la plupart des Renonculacées, qui, lorsqu'elles sont fraîches, agissent comme poison sur l'économie animale, perdent-elles leurs propriétés délétères par la cuisson ou la dessiccation. C'est donc au principe âcre et vénéneux contenu dans les Renoncules que doivent être souvent attribués les empoisonnemens des animaux que l'on abandonne dans les prairies où ces plantes sont très-multipliées.

Les feuilles de ces plantes, celles de quelques renoncules et de clématite, par exemple, agissent sur la peau à la manière des cantharides.

Les racines d'hellébore et les tiges de la clématite sont employées pour passer des trochiques, dont l'action est toujours prompte et énergique. Le principe âcre que contiennent les Renonculacées existe aussi dans le tégument propre de la graine, mais nullement dans l'amande, qui est douce et oléagineuse.

LES PAPAVÉRACÉES.

Plantes dicotylédones, polypétales, hypogynes.

Calice le plus souvent composé de deux folioles caduques; corolle tétrapétale; étamines nombreuses; stigmate ordinairement sessile; ovaire simple, libre; fruit uniloculaire, polysperme; graine à endosperme charnu.

GENRE PAVOT. — *PAPAVER.*

Stigmate radié; capsule s'ouvrant au sommet par plusieurs trous.

Pavot coquelicot. *P. rhœas.* ☉.

Pétales d'un rouge écarlate vif, avec une tache noire à la base.

Les fleurs de cette plante sont adoucissantes et calmantes.

Pᴀᴠᴏᴛ ᴅᴜ Lᴇᴠᴀɴᴛ. *P. orientale.* ♃.

Corolle à cinq ou dix pétales ; capsule violette en dessus ; rayons du stigmate verts et un peu crêpus.

Pᴀᴠᴏᴛ sᴏᴍɴɪғèʀᴇ. *P. somniferum.* ☉.

Pétales blancs, frisés, avec une tache noirâtre à la base.

Le pavot est originaire d'Orient. Le suc qui découle des incisions pratiquées aux capsules de cette plante, constitue l'*opium*. En France, le pavot est principalement cultivé pour ses graines, qui fournissent une huile grasse très-propre à l'éclairage.

GENRE CHELIDOINE. — *CHELIDONIUM.*

Stigmate bifide ; silique à deux valves, à une loge sans cloison.

Cʜᴇ́ʟɪᴅᴏɪɴᴇ ᴇ́ᴄʟᴀɪʀᴇ. *C. majus.* ♃.

Feuilles à folioles découpées en lobes arrondis, jaunâtres en dessus, glauques en dessous ; fleurs jaunes, disposées en espèces d'ombelles.

Cette plante, qui croît abondamment sur les vieux murs, contient un suc jaune d'une extrême âcreté, dont l'introduction dans les tissus vivans peut déterminer des accidens graves, et même donner la mort.

Cʜᴇ́ʟɪᴅᴏɪɴᴇ ɢʟᴀᴜǫᴜᴇ. *C. glaucium.* ♃.

Feuilles et tiges remarquables par leur belle couleur glauque ; fleurs jaunes, grandes, et assez semblables à celles des pavots.

Cette plante croît dans les lieux sablonneux et découverts.

GENRE FUMETERRE. — *FUMARIA.*

Ce genre, dont quelques botanistes ont fait le type de la famille des *Fumariacées*, est caractérisé ainsi qu'il suit :

Calice très-petit; corolle à quatre pétales inégaux, dont un prolongé en éperon; six étamines diadelphes. Le fruit est un akène sphérique.

FUMETERRE OFFICINALE. *F. officinalis.* ☉.

Feuilles très-divisées; calice dentelé; fleurs d'un rouge pourpre à leur sommet.

Toutes les parties de cette plante et des autres espèces de fumeterre sont amères, et employées en médecine comme toniques.

Propriétés générales des Papavéracées.

Les plantes de cette famille, si l'on en excepte la fumeterre, contiennent un suc laiteux narcotico-âcre ou caustique; mais leurs graines, loin de partager les propriétés délétères des autres parties, fournissent une huile grasse abondante et salubre.

LES CRUCIFÈRES.

Plantes dicotylédones, polypétales, hypogynes.

Calice tétraphylle, caduc; corolle à quatre pétales en croix, onguiculés; six étamines tétradynames : sur le réceptacle on trouve deux ou quatre glandes : deux sur lesquelles sont insérées les étamines les plus courtes, et deux autres placées entre les étamines les plus grandes; un style ; un stigmate ; une silique ou une silicule s'ouvrant ordinairement en deux valves.

Première division. —Crucifères à silique.

GENRE RAIFORT. — *RAPHANUS.*

Calice serré contre la corolle; quatre glandes sur le disque.

de l'ovaire ; silique aiguë, indéhiscente, spongieuse ou articulée.

Radis cultivé. *R. sativus.* ⊙.

Première variété. — *Radis commun*, racine rouge ou blanche en
forme de toupie.

2ᵉ var. — *Radis noir* à écorce d'un noir violet. ♂.

3ᵉ var. — *Radis rave*, racine rouge ou blanche fusiforme.

Le radis noir est de toutes les variétés celle dont la saveur
est la plus âcre et la plus piquante; ses graines contiennent
une grande quantité d'huile.

Radis raphanistre. *R. raphanistrum.* ⊙.

Feuilles pinnatifides, terminées par un grand lobe ; tiges
hispides; fleurs blanches variées de violet, ou d'un jaune
pâle.

Cette plante est commune dans les moissons. Les animaux
mangent les feuilles, sans en être friands. Linné rapporte
qu'une pintade ayant mangé des graines de cette plante pé-
rit dans les convulsions. Il serait important de constater si
ces graines produisent des effets analogues sur les quadru-
pèdes domestiques.

GENRE MOUTARDE. — *SINAPIS.*

Calice étalé; siliques terminées par une languette.

Moutarde blanche. *S. alba.* ⊙.

Siliques hispides, terminées par une languette plus longue
qu'elles ; graines d'un blanc jaunâtre.

Cette plante est très-commune dans les champs cultivés.
Sa graine, moins âcre que celle de la moutarde noire, est,
par conséquent, moins propre à faire des sinapismes.

MOUTARDE NOIRE. *S. nigra.* ☉.

Siliques glabres, tétragonales, serrées contre l'axe de la grappe, et terminées par une corne courte; graines globuleuses, de couleur brune.

Les graines de cette espèce sont très-âcres; réduites en poudre, et délayées dans du vinaigre, elles forment les sinapismes. C'est également avec la farine de ses graines que l'on prépare l'assaisonnement connu sous le nom de moutarde.

MOUTARDE DES CHAMPS. *S. arvensis.* ☉.

Siliques écartées de l'axe de leur épi, et trois fois plus longues que la languette qui les termine; graines rougeâtres.

On a observé que les graines de cette espèce, qui croît abondamment dans les récoltes, donnait au pain une saveur amère désagréable.

GENRE CHOU. — *BRASSICA.*

Calice connivent, bossu à la base; siliques comprimées, cylindriques ou tétragones, s'ouvrant en deux valves.

CHOU CULTIVÉ OU POTAGER. *B. oleracea.* ♂.

Racine caulescente; feuilles épaisses, très-glauques; silique presque cylindrique ; fleurs blanches ou jaunâtres.

Première variété. — *Chou cavalier.* Tige très-haute; feuilles étalées.

2e var. — *Chou frisé, chou de Milan.* Feuilles crépues, réunies en tête.

3e var. — *Chou pommé* ou *Cabu.* Feuilles non crépues en tête.

4e var. — *Chou rave.* Tige renflée, au-dessus du collet de la racine.

5e var. — *Choux-fleurs.* Branches de la tige florale transformées en une matière granuleuse blanche. Le *broccoli*, qui n'est encore qu'une variété de celle-ci , s'en distingue par ses pédoncules plus alongés et moins serrés.

CHOU DES CHAMPS ou COLZA. *B. campestris.* ☉.

Cette espèce diffère du chou cultivé par ses feuilles lyrées et hispides à leur face inférieure. Elle présente plusieurs variétés, dont l'une, à racine renflée, jaunâtre, porte le nom de *rutabaga*.

Le colza est cultivé en Flandre pour ses grains, dont on retire une grande quantité d'huile. Ses feuilles sont employées à nourrir les bestiaux.

CHOU NAVET. *B. napus.* ♂.

Cette espèce se distingue des autres par son calice à moitié ouvert, par ses feuilles qui ne sont pas glauques, et par sa racine renflée, blanche ou jaunâtre, douce et sucrée.

La *navette*, qui est une variété de cette espèce, est cultivée pour sa graine, dont on retire de l'huile. La *rabicule* est une autre variété, à racine très-grosse, arrondie, et d'une saveur piquante.

CHOU ROQUETTE. *B. eruca.* ☉.

Cette espèce se distingue au prolongement ensiforme de sa silique.

Elle croît dans le midi de la France. L'odeur forte qu'elle répand, et sa saveur âcre et amère, annoncent des propriétés stimulantes assez énergiques.

GENRE VELAR. — *ERYSIMUM.*

Calice connivent ; disque de l'ovaire à deux glandes ; stigmate en tête ; silique tétragone.

Velar de Sainte-Barbe. *E. barbarea.* ☉.

Tige marquée de cannelures profondes, glabres ; feuilles rougeâtres : les inférieures en lyre, avec le lobe terminal arrondi ; les supérieures ovales ; siliques terminées par une petite corne.

On trouve cette plante dans les lieux humides et sur le bord des ruisseaux. Ses feuilles, dont la saveur est assez analogue à celle du cresson, sont employées comme antiscorbutiques.

Velar alliaire. *E. alliaria.* ☉.

Feuilles cordiformes, exhalant une odeur d'ail lorsqu'on les presse ; silique striée sur ses faces.

Cette plante croît dans les bois couverts et le long des murailles. Toutes ses parties, sans en excepter les graines, exhalent une odeur d'ail qui se communique au lait des animaux.

GENRE CRESSON ou SISYMBRE. — *SYSIMBRIUM.*

Calice à demi-ouvert ou fermé ; pétales à onglets courts ; silique sans pointe, s'ouvrant en deux valves, sans élasticité.

Sysimbre officinal. *S. officinale.* ☉.

Feuilles supérieures hastées ; calice pubescent ; étamines plus longues que la corolle ; siliques grêles, cylindriques, appliquées contre l'axe de leur épi.

Cette plante se trouve abondamment dans les lieux incultes. Ses feuilles ne sont point âcres comme celles de la plupart des autres crucifères ; elles sont seulement un peu acerbes.

CRESSON DE FONTAINE. *S. nasturtium. ♃.*

Tiges creuses, cannelées, vertes ou rougeâtres; feuilles imparipinnées; fleurs blanches; stigmate bilobé.

Le cresson croît sur le bord des eaux courantes; il est employé comme aliment ou comme médicament antiscorbutique.

CRESSON AMPHIBIE. *S. amphibium. ♃.*

Feuilles alongées, pointues, un peu embrassantes; silique globuleuse, surmontée d'un style persistant.

Cette plante croît dans les mêmes lieux que l'espèce précédente, et partage ses propriétés.

SYSIMBRE IRIO. *S. irio.* ☉.

Feuilles pinnatifides, à lobe terminal sagitté; siliques grêles et droites.

Cette plante croît sur les murs et le long des chemins.

SYSIMBRE SAGESSE. *S. sophia.* ☉.

Feuilles d'un vert pâle, finement découpées et légèrement velues; pétales moins longs que le calice; silique à pédoncule filiforme.

Cette espèce, que l'on trouve dans les décombres et sur les murs, était autrefois employée comme astringente et fébrifuge.

Deuxième division. — Crucifères à silicules.

GENRE LUNAIRE. — *LUNARIA.*

Calice à quatre folioles, dont deux gibbeuses à la base; stigmate échancré; silicule plane, arrondie ou elliptique; graines membraneuses.

Lunaire annuelle. *L. annua.* ⊙.

Racine tubéreuse au collet; feuilles cordiformes, siliques, elliptiques, à valves nacrées, et surmontées du style persistant.

Cette plante, qui croît dans les lieux montueux et pierreux de l'Alsace et de la Provence, était autrefois employée comme diurétique, antiseptique et vulnéraire.

GENRE COCHLÉARIA ou CRANSON. — *Cochlearia.*

Calice à quatre sépales concaves, ouverts; silicule presque globuleuse, entière au sommet, à deux loges, renfermant plusieurs graines.

Cochléaria officinal. *C. officinalis.* ♂.

Feuilles radicales ovales ou cordiformes, un peu concaves, luisantes; les supérieures sessiles, prolongées en deux petites languettes à leur base.

Cette plante croît sur les bords de la mer. Ses feuilles, qui ont une saveur âcre et un peu amère, entrent dans la préparation du sirop et du vin antiscorbutique.

Cochléaria de Bretagne. *C. armoracia.* ♃.

Tige très-grande, cannelée; feuilles radicales très-longues, à limbe elliptique; racine très-grosse et rameuse.

La racine de cette plante est un médicament antiscorbutique très-puissant.

GENRE PASSE-RAGE. — *LEPIDIUM.*

Calice étalé; silicule comprimée, entière ou échancrée au sommet, à deux valves carénées, à deux loges monospermes.

Passe-rage a feuilles larges. *L. latifolium.* ♃.

Feuilles radicales grandes, ovales, dentées dans leur partie moyenne. Les caulinaires étroites, sessiles ; six petites ; glandes à la base des étamines ; silicule terminée en pointe.

Cette plante habite les lieux couverts. Ses feuilles et ses racines, qui ont une saveur âcre et poivrée, sont antiscorbutiques.

Passe-rage cresson alénois. *L. sativum.* ⊙.

Silicule lenticulaire, un peu échancrée au sommet, à deux valves membraneuses sur le dos.

Cette plante a la saveur du cresson de fontaine, et est employée aux mêmes usages.

GENRE TABOURET. — *THLASPI.*

Silicule triangulaire, comprimée, échancrée au sommet, à deux valves en forme de nacelle.

Tabouret des champs. *T. arvense.* ⊙.

Feuilles embrassantes, très-lisses ; silicule orbiculaire, entourée d'un large rebord.

Cette plante, très-commune dans les champs, est mangée par les vaches et les chèvres seulement.

Tabouret bourse a pasteur. *T. bursa pastoris.* ⊙.

Feuilles radicales, pubescentes, étalées en rosette sur le sol ; silicules en cœur, comme tronquées supérieurement.

Cette plante, dont le suc a été recommandé contre le pissement de sang, est mangée par tous les bestiaux.

GENRE PASTEL. — *ISATIS.*

Stigmate sessile ; silicule plane, pendante, lancéolée, ob-tuse, monosperme, ressemblant beaucoup à la capsule du frêne.

PASTEL DES TEINTURIERS. *J. tinctoria.* ♃.

Tige haute de trois pieds environ ; feuilles glauques, sa-gittées, les inférieures crénelées.

Cette plante, que l'on trouve sur les coteaux secs et pier-reux, fournit un fourrage dont les animaux sont très-avides.

GENRE CRAMBÉ. — *CRAMBE.*

Filamens des quatre grandes étamines bifurqués ; silicule globuleuse, indéhiscente.

CRAMBÉ MARITIME. *C. maritima.* ♃.

Feuilles épaisses et glauques, comme celles du chou ; fleurs blanches en grande panicule ; silicule charnue.

Cette plante pourrait servir avec avantage à la nourriture des bestiaux dans les lieux maritimes, où elle croît abon-damment.

GENRE CAMELINE. — *MYAGRUM.*

Calice un peu étalé ; silicule ovoïde, à deux loges poly-spermes, acuminée par le style persistant.

CAMELINE CULTIVÉE. *M. sativum.* ☉.

Silicule piriforme ; semences ovales, marquées d'un sillon.
Cette plante n'est d'aucun usage en médecine. On la cul-

tive en grand dans certains pays pour ses graines, desquelles on retire une huile destinée à l'éclairage. La plupart des animaux domestiques mangent cette plante lorsqu'elle est mêlée à d'autre fourrage.

Propriétés générales des Crucifères.

Les plantes de cette famille ont entre elles la plus grande analogie, tant par leurs caractères d'organisation que par l'uniformité de leurs propriétés médicales. Elles contiennent de l'azote et une plus ou moins grande quantité de soufre, qui donne lieu à la formation d'hydrogène sulfuré lorsque ces plantes se décomposent. Toutes les Crucifères ont une saveur âcre, et une odeur plus ou moins forte et aromatique, qu'elles doivent à un principe volatil, qui s'y trouve quelquefois masqué par un mucilage aqueux très-abondant. Leurs graines fournissent encore une plus ou moins grande proportion d'huile grasse ; et plusieurs espèces, telles que le colza, la navette et la cameline, sont même à cet effet l'objet d'une culture en grand dans certains pays. Toutes les Crucifères sont stimulantes, antiscorbutiques, sudorifiques et diurétiques ; leur médication est toujours vive et prompte. Cette famille fournit non-seulement des médicamens précieux, mais encore des alimens sains et nourrissans pour l'homme et les animaux ; et l'on observe que la culture des Crucifères, en favorisant le développement des principes aqueux, mucilagineux et huileux, tend à masquer ou même à détruire la saveur âcre qui se fait remarquer dans toutes les espèces sauvages.

———

LES HYPÉRICÉES ou HYPÉRICINÉES.

Plantes dicotylédones, polypétales, hypogynes.

Calice persistant, à quatre ou cinq divisions; corolle *idem*; étamines nombreuses, réunies en plusieurs faisceaux par les filets; plusieurs styles et stigmates; capsule multiloculaire, polysperme, s'ouvrant en trois ou cinq valves, dont les bords rentrans forment les cloisons; endosperme nul; feuilles opposées, ordinairement glanduleuses.

GENRE MILLEPERTUIS. — *HYPERIGUM.*

Étamines réunies en trois ou cinq faisceaux; le plus souvent trois styles; capsule à trois loges.

MILLEPERTUIS COMMUN OU PERFORÉ. *H. perforatum.* ♃.

Feuilles remarquables par les points glanduleux et transparens de leur disque.

Cette plante, commune dans les bois et les lieux incultes, est mangée par les moutons et les vaches, avant qu'elle ne soit en fleur.

Propriétés générales des Hypéricées.

Les plantes de cette famille sont généralement aromatiques, et le suc résineux que contiennent surtout en abondance quelques espèces exotiques, est plus ou moins âcre et purgatif.

LES VINIFÉRÉES.

Plantes dicotylédones, polypétales, hypogynes.

Calice monophylle, court, presque entier; corolle à quatre ou six pétales; étamines en nombre égal, insérées sur un disque hypogyne; ovaire simple; un stigmate; une baie; une ou plusieurs graines à endosperme cartilagineux; tiges sarmenteuses; vrilles opposées aux feuilles.

GENRE VIGNE. — *VITIS*.

Pétales adhérens au sommet, se détachant comme un capuchon.

VIGNE CULTIVÉE. *V. vinifera*. ♄.

Feuilles à cinq lobes, portées sur des pétioles renflés à la base; fleurs verdâtres en grappe.

La vigne est originaire d'Asie. Ses fruits fournissent une foule de produits extrêmement variés aux arts, à la thérapeutique et à l'économie domestique; et ses feuilles sont mangées avec avidité par tous les bestiaux. En 1823, je fus appelé pour donner des soins à une chèvre dont le lait tournait aussitôt qu'on le mettait sur le feu. Ce phénomène me parut tenir à ce que la nourriture de cet animal ne se composait depuis environ un mois que de feuilles de vignes : en effet, je prescrivis un autre régime alimentaire, et ce singulier phénomène ne se fit plus observer.

LES GÉRANIÉES.

Plantes dicotylédones, polypétales, hypogynes.

Calice à cinq divisions; cinq pétales; étamines définies, réunies à la base par leurs filets; un style; cinq stigmates. Fruit à cinq loges ou composé de cinq coques terminées en pointe; graines dépourvues d'endosperme; feuilles stipulées, opposées ou alternes.

GENRE GÉRANION. — *GERANIUM.*

Dix étamines; fruit composé de cinq coques monospermes, terminées par une longue arête.

GÉRANION A ROBERT. *G. robertianum.* ☉.

Calice ventru, strié, rouge, à divisions mucronées; feuilles profondément divisées en trois folioles pinnatifides.

Cette plante a une odeur forte, désagréable, et une saveur astringente.

GENRE CAPUCINE. — *TROPÆOLUM.*

Calice éperonné à sa base; corolle à cinq pétales, dont les trois inférieurs sont ciliés; huit étamines; trois stigmates; trois coques monospermes indéhiscentes.

CAPUCINE A LARGES FEUILLES. — *T. majus.* ☉.

Fleurs d'un rouge de feu; feuilles orbiculaires, insérées par leur centre, sur un long pétiole.

Cette plante, originaire du Pérou, est un stimulant très-énergique.

GENRE SURELLE ou OXALIDE. — *OXALIS.*

Pétales à onglets un peu réunis; capsule à cinq valves; graines enveloppées d'une arille.

Ces caractères, un peu différens de ceux qui appartiennent aux géraniées, ont engagé plusieurs botanistes modernes à former avec ce genre le type d'une nouvelle tribu, qu'ils désignent sous le nom d'*oxalidées*.

Surelle acide ou Oseille. *O. acetosella.* ♃.

Feuilles à trois folioles, en cœur renversé, d'une saveur acide ; pédoncules radicaux.

On trouve cette plante dans les bois ombragés et humides. Ses feuilles, qui sont acides, rafraîchissantes et diurétiques, fournissent une grande quantité d'oxalate de potasse.

Propriétés générales des Géraniées.

Presque toutes les plantes de ce groupe exercent une action tonique ou excitante sur l'économie animale : les unes, par leur astringence, et les autres par le principe aromatique qu'elles contiennent.

LES MALVACÉES.

Plantes dicotylédones, polypétales, hypogynes.

Calice monosépale, à cinq divisions, le plus souvent double ; corolle pentapétale ou monopétale, réunie avec les étamines, qui sont le plus souvent monodelphes ; ordinairement plusieurs stigmates, plusieurs capsules ; graines sans endosperme ; feuilles stipulées.

GENRE MAUVE. — *MALVA.*

Calicule de trois petites folioles ; capsules verticillées, le plus souvent monospermes.

MAUVE A FEUILLES RONDES. *M. rotundifolia.* ☉.

Tiges couchées ; feuilles petites, orbiculaires, crénelées ; folioles du calice extérieur très-étroites ; fleurs blanchâtres.

MAUVE SAUVAGE. *M. sylvestris.* ♃.

Tiges hispides, droites ; folioles du calice extérieur égales à celles du calice intérieur ; fleurs purpurines rayées de la même couleur.

Ces deux espèces très-communes sont rarement mangées par les bestiaux. Leurs fleurs sont employées pour préparer des breuvages adoucissans, et leurs feuilles pour former des cataplasmes émolliens.

GENRE GUIMAUVE. — *ALTHÆA.*

Ce genre diffère du précédent par le calice extérieur, qui est à six ou neuf divisions profondes, et par les capsules, qui sont toujours monospermes.

GUIMAUVE OFFICINALE. *A. officinalis.* ♃.

Plante tomenteuse dans toutes ses parties ; feuilles à lobes anguleux ; fleurs blanchâtres.

La racine de cette plante est la partie la plus employée ; elle donne par sa coction dans l'eau un mucilage très-abondant. Une autre espèce, connue sous le nom d'*althœa rosœa*, peut être employée aux mêmes usages que la guimauve.

Propriétés générales des Malvacées.

Les Malvacées doivent les propriétés adoucissantes dont elles jouissent à la grande quantité de mucilage que contiennent toutes leurs parties, et qu'elles cèdent facilement à l'eau dans laquelle on les fait bouillir.

Parmi les Malvacées exotiques, il en est qui versent dans le commerce et l'économie domestique des produits extrêmement précieux : ainsi ce sont les graines torréfiées du *theobroma*, cacao, qui forment le chocolat; tandis que les graines de plusieurs espèces de gossipium sont entourées d'une espèce de bourre soyeuse, qui forme la substance précieuse connue sous le nom de coton; enfin, les plus grands arbres du règne végétal, les *baobabs*, appartiennent à cette famille.

LES TILIACÉES.

Plantes dicotylédones, polypétales, hypogynes.

Cette famille, qui a beaucoup de rapports avec celle des Malvacées, s'en distingue cependant par les étamines qui sont libres, par un style et un calice simples et des cotylédons planes non lobés.

GENRE TILLEUL. — *TILIA*.

Calice caduc; ovaire globuleux, velu; stigmate en tête à cinq dents.

TILLEUL d'EUROPE. *T. europœa*. ♄.

Feuilles molles, velues, cordiformes, inégalement dentées; péricarpe en forme de toupie, relevé de cinq côtes saillantes.

Les feuilles de tilleul contiennent un mucilage abondant qui les rend adoucissantes. Linné a observé qu'elles donnaient une mauvaise qualité au lait des animaux. Les fleurs servent à préparer des infusions calmantes et diaphorétiques.

LES VIOLACÉES ou VIOLARIÉES.

Plantes dicotylédones, polypétales, hypogynes.

Calice à cinq divisions; corolle irrégulière; étamines en nombre égal à celui des pétales, souvent soudées par les anthères; fruit à une loge s'ouvrant en trois valves.

GENRE VIOLETTE. — *VIOLA.*

Calice à cinq divisions prolongées au-dessous de leur attache; corolle à cinq pétales, le supérieur prolongé en éperon logeant les appendices de deux étamines; anthères rapprochées ou soudées, et membraneuses au sommet.

VIOLETTE DE CHIEN. *V. canina.* ♃.

Stipules incisées ou élevées; feuilles exactement cordiformes, crénelées; fleur bleue, penchée, inodore.

Elle croît le long des haies, dans les bois et les buissons. Ses propriétés sont les mêmes que celles de l'espèce qui suit.

VIOLETTE ODORANTE. *V. odorata.* ♃.

Rejets traçans; feuilles cordiformes, dentées; fleur bleue, d'une odeur suave.

Elle est commune dans les haies et les bois couverts. Ses fleurs sont adoucissantes, et ses racines purgatives.

VIOLETTE DES CHAMPS. *V. arvensis.* ☉.

Fleurs mêlées de jaune et de violet.

Cette plante, que l'on trouve dans les champs cultivés, partage les propriétés des deux autres espèces.

Propriétés générales des Violacées.

Les racines de la plupart des Violacées sont émétiques ;
cette propriété est surtout très-prononcée dans quelques
espèces exotiques, telles que l'*ionidium* ipécacuanha, et par-
viflorum, dont les racines forment l'ipécacuanha blanc du
commerce.

———

LES RUTACÉES.

Plantes dicotylédones, polypétales, hypogynes.

Calice monophylle, à cinq divisions ; corolle à cinq
pétales alternes avec les divisions calicinales ; huit
ou dix étamines ; un style ; un stigmate ; fruit multiloculaire ou multicapsulaire ; embryon renfermé
dans un endosperme charnu.

GENRE RUE. — *RUTA.*

Corolle de quatre ou cinq pétales concaves, onguiculés ;
ovaire à quatre ou cinq côtes ; pores nectarifères à sa base ;
capsule à quatre ou cinq loges s'ouvrant supérieurement.

Rue odorante. *R. graveolens.* ♃.

Feuilles surcomposées, à folioles épaisses, ovales, d'un
vert glauque ; fleurs jaunes terminales ; graines réniformes.

Toutes les parties de cette plante ont une odeur forte, peu
agréable ; leur saveur est âcre, un peu aromatique et très-
chaude. La rue est fréquemment employée dans la médecine de l'homme comme vermifuge. Dans la femme, elle
agit plus particulièrement sur l'utérus.

GENRE DICTAMNE ou FRAXINELLE. — *DICTAMNUS.*

Calice à cinq folioles caduques; corolle à cinq pétales iné-gaux; étamines inclinées et hérissées de points glanduleux; cinq capsules réunies et disposées en étoile.

DICTAMNE BLANC. *D. albus.* ♃.

Tiges rougeâtres, velues; feuilles ailées, ressemblant à celles du frêne; calice et pédoncules visqueux; fleurs pur-purines ou blanches.

Le dictamne croît dans le Midi. Sa racine est amère et aromatique. Pendant l'été, il se forme autour de cette plante une atmosphère d'huile volatile que l'on peut enflammer.

Propriétés générales des Rutacées.

Toutes les Rutacées sont âcres, aromatiques et amères; c'est à cette famille qu'appartiennent le *gayac*, l'*angusture*, la *quassie amère* et le *simarouba*, qui fournissent des médi-camens éminemment toniques.

LES CARYOPHYLLÉES.

Plantes dicotylédones, polypétales, hypogynes.

Calice ordinairement persistant, tantôt monophylle, tubuleux, à cinq dents, d'autres fois à cinq folioles distinctes; corolle à cinq pétales, rétrécis en onglet, rarement nulle; étamines en nombre variable; ovaire simple; plusieurs styles, autant de stigmates. Fruit capsulaire, à une ou plusieurs loges et à plusieurs valves; embryon roulé autour d'un endosperme farineux.

GENRE SPARGOUTE. — *SPERGULA*.

Calice à cinq folioles; corolle à cinq pétales entiers; cinq styles; capsule uniloculaire, à cinq valves; semences bordées.

SPARGOUTE DES CHAMPS. *S. arvensis.* ☉.

Tiges articulées; feuilles linéaires, verticillées; fleurs blanches terminales.

Cette plante, cultivée en grand dans quelques pays pour la nourriture des vaches, auxquelles elle donne un lait d'excellente qualité, croît naturellement dans les terrains sablonneux.

GENRE CÉRAISTE. — *CERASTIUM*.

Corolle à cinq pétales bifides; capsule globuleuse, uniloculaire, s'ouvrant au sommet en dix dents.

CÉRAISTE DES CHAMPS. *C. arvense.* ♃.

Tiges pubescentes, rameuses, un peu couchées; feuilles étroites, lancéolées, linéaires, d'un vert clair, un peu ciliées à la base; fleurs blanches, portées sur des pédoncules rameux.

On trouve cette plante sur le bord des champs et des chemins, où elle est mangée par tous les bestiaux.

GENRE SAPONAIRE. — *SAPONARIA*.

Calice tubuleux, à cinq dents, nu à sa base; corolle à

cinq pétales, dont l'onglet égale la longueur du calice ; dix étamines; deux styles.

SAPONAIRE OFFICINALE. *S. officinalis.* ♃.

Tiges articulées, très-glabres; feuilles ovales, lancéolées, à trois nervures ; fleurs d'un rose pâle, odorantes, disposées en bouquets terminaux.

Les différentes parties de cette plante sont amères et mucilagineuses.

GENRE NIELLE. — *GITHAGO.*

Dents du calice prolongées en lanières foliacées qui dépassent la corolle.

NIELLE DES BLÉS. *G. segetum.*

Tiges et feuilles velues; fleurs d'un rouge violacé, à pétales légèrement échancrés ; gorge de la corolle piquetée de noir.

Elle croît au milieu des moissons.

GENRE LIN. — *LINUM.*

Calice à cinq parties; cinq pétales; cinq étamines alternes avec cinq écailles ; cinq styles ; capsule globuleuse, à dix loges ; embryon sans endosperme.

Ces différences dans le fruit du lin comparé à celui des autres caryophyllées, ont porté quelques auteurs à faire de ce genre le type d'une famille qu'ils ont désignée sous le nom de *Linacées.*

LIN COMMUN OU USUEL. *L. usitatissimum.* ☉.

Fleurs bleues; folioles du calice à trois nervures ; pétales crénelés, à onglet blanc ; capsule sphérique, terminée par une pointe roide.

Les fibres des tiges du lin, convenablement préparées, servent à fabriquer des tissus extrêmement recherchés ; ses graines, qui contiennent une grande quantité d'huile grasse et de mucilage, sont fréquemment employées dans la pratique médicale, pour préparer soit des décoctions adoucissantes, soit des cataplasmes émolliens, lorsqu'elles ont été préalablement réduites en farine.

LIN CATHARTIQUE OU PURGATIF. *L. catharticum.* ⊙.

Tiges grêles, dichotomes ; pétales blancs, à onglets jaunâtres, et une fois plus longs que le calice.

Cette plante, très-commune dans certaines localités, est légèrement purgative, mais inusitée en médecine.

Propriétés générales des Caryophyllées.

Toutes les Caryophyllées, si l'on excepte le lin commun, sont des plantes à peu près insipides et sans utilité médicale ou économique.

LES ROSACÉES.

Plantes dicotylédones, polypétales, périgynes.

Calice monosépale, persistant, tubuleux ou étalé, à cinq divisions ; corolle à cinq pétales égaux, insérés à l'entrée du tube du calice ou à sa base ; étamines indéfinies ; pistils en nombre variable, distincts ou soudés, quelquefois réunis sur un gynophore central ; ovaire simple ou multiple, libre ou adhérent. Fruit très-variable.

Feuilles simples ou composées, munies de stipules.

GENRE POMMIER. — *MALUS.*

Cinq styles soudés à la base. Le fruit est une mélonide ombiliquée aux deux extrémités, à cinq loges cartilagineuses, contenant chacune deux pépins.

Pommier commun. *M. communis.* ♃.

Calice velu, à cinq lanières lancéolées; feuilles ovales, dentées, d'un vert sombre, épineuses dans les sauvageons.

Tout le monde connaît l'usage que l'on fait des fruits du pommier.

GENRE POIRIER. — *PYRUS.*

Ce genre diffère du précédent par les cinq styles qui sont distincts, et par le fruit qui est en forme de toupie, avec un seul ombilice.

Poirier commun. — *P. communis.* ♃.

Pétales blancs, concaves, brusquement onguiculés; feuilles lancéolées.

GENRE COIGNASSIER. — *CYDONIA.*

Ici les loges du fruit contiennent plusieurs graines, au lieu de deux seulement.

Coignassier commun. *C. vulgaris.* ♃.

Fruit jaune, cotonneux, d'une odeur forte.

La pulpe de coing est astringente, et les graines fournissent un mucilage abondant.

GENRE ROSIER. — *ROSA.*

Calice urcéolé, à cinq lobes, dont deux nus, et trois garnis d'appendices foliacés, devenant charnu à la maturité, et contenant plusieurs graines osseuses, hérissées.

Rosier de France ou de Provins. *R. gallica.* ♄.

Tiges recouvertes d'aiguillons rougeâtres ; fleurs d'un beau rouge, sur des pédoncules glanduleux.

Les fleurs de ce rosier sont astringentes et toniques.

GENRE PIMPRENELLE. — *POTERIUM.*

Corolle nulle ; calice à quatre lobes, et trois écailles à sa base ; fleurs dioïques : les mâles, trente étamines ; les femelles, deux ovaires et deux stigmates en pinceau.

Pimprenelle sanguisorbe. *P. sanguisorba.* ♃.

Tiges anguleuses ; styles plumeux et rougeâtres.

Cette plante croît naturellement dans les prés secs et élevés. Quelques agriculteurs pensent qu'il serait très-avantageux de la cultiver en grand pour la nourriture des bestiaux.

GENRE SANGUISORBE. — *SANGUISORBA.*

Calice coloré, à quatre lobes et deux écailles à la base ; corolle nulle ; quatre étamines ; deux ovaires.

Sanguisorbe officinale. *S. officinalis.* ♃.

Tiges rougeâtres ; feuilles à folioles cordiformes ; fleurs en tête ovale, d'un brun rougeâtre.

On la trouve dans les prés.

GENRE AIGREMOINE. — *AGRIMONIA.*

Calice oblong, à cinq lobes hérissés de pointes crochues ; involucre à deux lobes.

Aigremoine eupatoire ou officinale. *A. eupatoria.* ♃.

Feuilles à folioles lancéolées, dentées, entre lesquelles on en trouve de plus petites ; fleurs jaunes, en épi terminal.

Cette plante, très-commune dans les haies et les bois, est mangée par les chèvres et les moutons seulement.

GENRE TORMENTILLE. — *TORMENTILLA.*

Calice à huit divisions, quatre alternes plus petites ; quatre pétales ; réceptacle des graines petit et sec.

Tormentille rampante ou couchée. *T. reptans.* ♃.

Tiges rampantes, s'enracinant à chaque nœud ; feuilles pétiolées, digitées, à folioles cunéiformes.

Elle croît dans les lieux ombragés. Les chevaux sont les seuls animaux qui la refusent.

Tormentille droite. *T. erecta.* ♃.

Tiges velues ; feuilles sessiles, à folioles lancéolées ; fleurs jaunes, plus petites que celles de la première espèce.

Cette espèce est commune sur le bord des bois et dans les pâturages secs.

GENRE POTENTILLE. — *POTENTILLA.*

Calice à dix découpures, cinq alternes plus petites ; réceptacle séminifère, sec, et souvent garni de poils.

Potentille argentée. *P. argentea.* ♃.

Tiges et calice chargés d'un duvet blanchâtre ; feuilles velues en dessous.

Elle croît dans les lieux secs et incultes ; aucun animal ne la recherche.

Potentille droite. *P. recta.* ♃.

Cette espèce, caractérisée par ses stipules découpées en petits lobes sur leur bord externe, ne se trouve que dans le midi de la France.

Potentille rampante. *P. reptans.* ♃.

Tiges rampantes, s'enracinant à chaque nœud ; pétioles et pédoncules très-alongés.

On la trouve dans les lieux humides et couverts, où elle est mangée par tous les bestiaux.

Les différentes parties des potentilles et des tormentilles ont une saveur astringente très-prononcée : aussi en fait-on usage dans toutes les maladies qui réclament l'emploi des toniques astringens.

GENRE COMARET. — *COMARUM.*

Le calice, les pétales et les étamines, comme dans les potentilles, mais le réceptacle séminifère grand, ovoïde, spongieux, persistant.

Comaret des marais. *C. palustre.* ♃.

Calice rougeàtre, à dix divisions pointues ; pétales rouges, ligulés et courts.

On trouve cette plante dans les marais.

GENRE BENOITE. — *GEUM.*

Semences placées sur un réceptacle velu, et terminées par des barbes quelquefois crochues.

Benoite officinale. *G. urbanum.* ♃.

Feuilles ailées ; la foliole terminale grande et dentée ; barbes des semences crochues, rouges, et presque glabres.

Cette plante est commune dans les bois et les haies, où tous les bestiaux la recherchent quand elle est jeune. Sa racine, d'une saveur amère, astringente et aromatique, est rangée parmi les médicamens toniques et fébrifuges.

GENRE RONCE. — *RUBUS.*

Corolle et calice à cinq divisions; graines ramassées en baie composée, sur un réceptacle ou gynophore court et glabre.

RONCE DU MONT IDA OU FRAMBOISIER. *R. idæus.* ♄.

Tiges chargées d'aiguillons peu piquans; folioles blanchâtres en dessous; fruits rouges et velus.

Le fruit de cette plante a une saveur sucrée, un peu acidule et aromatique.

RONCE COMMUNE. *R.* fructicosus. ♄.

Tiges, pétioles et nervures des feuilles garnis d'aiguillons forts et crochus; fruit noir.

Les sommités des jeunes tiges servent à préparer des décoctions toniques.

GENRE SPIRÉE ou ULMAIRE. — *SPIRÆA.*

Calice ouvert, à cinq divisions; cinq pétales; trois à douze ovaires; autant de capsules à deux valves, à une ou trois semences.

SPIRÉE FILIPENDULE. *S. filipendula.* ♃.

Racine à plusieurs tubercules, suspendus à des filets très-déliés; fleurs blanches en large cime.

On trouve cette plante dans les bois. Les tubercules de sa racine, composés d'une grande quantité d'amidon, peuvent servir d'aliment lorsqu'ils sont frais ; car en se desséchant ils deviennent amers et astringens. Tous les bestiaux, excepté les chevaux, mangent les feuilles de la filipendule.

Spirée ulmaire. *S. ulmaria.* ♃.

Fleurs blanches en corymbe serré ; capsules contournées en spirale ; feuilles dont la foliole terminale est partagée en trois lobes.

Cette plante est rejetée par tous les bestiaux.

Sa racine, d'une saveur amère et astringente, était autrefois employée comme tonique dans la médecine de l'homme.

GENRE PRUNIER. — *PRUNUS.*

Calice campanulé, caduc, à cinq lobes ; corolle pentapétale ; fruit sillonné d'un côté, à noyau comprimé, pointu, sillonné, et angulé vers les bords.

Prunier domestique. *P. domestica.* ♄.

Arbre à écorce grisâtre, à feuilles ovales, pubescentes en dessous ; fruit recouvert d'une poussière résineuse de couleur glauque.

Le prunier laisse suinter un produit gommeux qui peut être substitué à la gomme arabique.

Prunier épineux. *P. spinosa.* ♄.

Rameaux terminés en pointe épineuse.

Les fruits de cet arbrisseau, d'une belle couleur bleue à leur maturité, jouissent d'une très-forte âpreté.

GENRE AMANDIER. — *AMYGDALUS.*

Fleur comme dans le genre précédent ; fruit à chair pres-

que sèche, recouvert d'une pellicule tomenteuse, contenant
un noyau irrégulièrement sillonné.

AMANDIER CULTIVÉ OU COMMUN. *A. communis.* ♄.

Feuilles d'un vert clair; calice rougeâtre; pistils cotonneux.

On distingue deux sortes d'amandiers : l'un qui fournit
des amandes douces, et l'autre des amandes amères. Les premières contiennent une abondante quantité d'huile et d'albumine, qui les rend tout à la fois alimentaires et médicamenteuses; tandis que les secondes doivent leur saveur et
leur action délétère sur l'économie animale à deux principes, dont l'un est une huile jaune, et l'autre un poison
acide très-violent.

Propriétés générales des Rosacées.

Toutes les Rosacées contiennent une plus ou moins
grande proportion de tannin, qui les rend astringentes et
toniques. Outre ce principe, les fruits contiennent souvent
des substances acides, dont la proportion diminue au fur et
à mesure que leur maturité avance, et qu'elle y fait développer les principes sucreux et muqueux. Les amandes de
la plupart des plantes qui composent le groupe des drupa-
cées renferment une huile grasse et de l'acide hydrocya-
nique.

LES LÉGUMINEUSES.

Plantes dicotylédones, polypétales, périgynes.
Calice monophylle, tubuleux, ordinairement quin-

quéfide; corolle polypétale, quelquefois nulle; dix
étamines, rarement moins, distinctes ou réunies en
un ou deux faisceaux; un style; un stigmate; une
gousse. Feuilles alternes, composées, décomposées,
et plus rarement simples.

Cette famille, très-nombreuse, renferme des
plantes herbacées, des arbustes, des arbrisseaux et
des arbres. Les différens genres dont elle se compose ont été rangés en trois sections.

PREMIÈRE SECTION. — MIMOSÉES

Corolle nulle; calice double ou involucre caliciforme; étamines
en nombre variable et monadelphes.

GENRE SENSITIVE.—*MIMOSA*.

Fleurs polygames; dans les hermaphrodites calice extérieur à cinq dents; l'interne semblable ou nul; dix étamines;
gousse partagée en articulations monospermes; dans les mâles, fleurs *idem*.

Sensitive pudique. *M. pudica.* ♃.

Tiges armées d'aiguillons; pétioles divisés à leur sommet
en deux branches qui soutiennent chacune plusieurs paires
de folioles légèrement velues sur leurs bords.

Cette plante est remarquable par les mouvemens qu'elle
exécute lorsqu'on la touche.

GENRE ACACIE.—*ACACIA*.

Fleurs ordinairement polygames; fleurs mâles, calicule à
cinq dents; calice tubuleux, aussi à cinq dents; étamines

nombreuses, monadelphes dans les fleurs hermaphrodites : le pistil se change en gousse.

ACACIE VÉRITABLE. *A. vera.* ♄.

Étamines deux fois plus longues que le calice ; pédoncule commun, articulé dans son milieu, où il offre deux petites bractées ; pétioles garnis à leur base d'aiguillons géminés.

C'est de cet arbre, qui croît dans la Haute-Égypte, que découle la gomme arabique.

ACACIE DU SÉNÉGAL. *A. Senegal.* ♄.

Cet arbre diffère du précédent par son écorce grisâtre, par ses trois aiguillons à la base des pétioles, et ses gousses velues.

Cette espèce, qui est originaire d'Afrique, fournit une substance gommeuse, nommée gomme du Sénégal, dont les propriétés médicales sont absolument les mêmes que celles de la gomme arabique.

ACACIE OU CACHOU. *A. catechu.* ♄.

Entre chaque paire de folioles, et à la base du pétiole commun, on trouve une petite glande ; les aiguillons sont au nombre de deux, et un peu recourbés.

Ce sont les fruits de cet arbre, originaire des Indes-Orientales, qui donnent la substance extractive tonique, connue sous le nom de *cachou.*

GENRE FÈVIER. — *GLEDITZIA.*

Fleurs polygames ; fleurs hermaphrodites, calicule et calice à trois divisions ; six étamines ; fleurs mâles *idem* ; fleurs

femelles, les deux calices à cinq divisions; gousses cloison-
nées transversalement et pulpeuses intérieurement.

FÉVIER A TROIS ÉPINES. *G. triacanthos.* ♄.

Épines rougeâtres, le plus souvent au nombre de trois à
l'insertion des feuilles; gousse très-longue, et aplatie comme
un ruban.

Cet arbre est cultivé comme plante d'ornement.

SECONDE SECTION. — CASSIÉES.

Calice divisé profondément; corolle à trois ou cinq pétales presque
réguliers; dix étamines libres ou réunies, quelques-unes souvent
rudimentaires.

GENRE CASSE. — *CASSIA.*

Calice coloré, à cinq divisions caduques; corolle pentapétale; étamines déclinées : les trois inférieures très-longues,
les trois supérieures stériles et plus courtes; gousse indéhiscente, à cloisons transversales, et quelquefois pulpeuse intérieurement.

CASSE CANÉFICIER. *C. fistula.* ♄.

Gousses longues d'un pied, cylindriques, marquées de deux
bandes longitudinales, et partagées par des cloisons transversales en une multitude de loges monospermes remplies
d'une pulpe noirâtre, employée dans la médecine de l'homme
comme laxative.

Cet arbre est originaire du Levant.

La substance purgative connue sous le nom de *séné* se
compose des feuilles de plusieurs espèces du même genre,
qui sont le *cassia acutifolia,* le *cassia obvata* et le *cassia
anceolata.*

TROISIÈME SECTION. — PAPILLONACÉES.

Calice monophylle; corolle irrégulière, pentapétale, papillonacée;
dix étamines, le plus souvent diadelphes.

GENRE CERCIS ou GAINIER. — *CERCIS.*

Calice à cinq dents, ventru à la base; dix étamines distinctes et inclinées; gousses bordées d'une aile membra
neuse étroite.

GAINIER OU ARBRE DE JUDÉE. *C. siliquastrum.* ♄.

Feuilles réniformes; fleurs amaranthe, naissant immédiatement des branches, et apparaissant quelquefois avant les
feuilles.

On le cultive comme arbre d'ornement.

GENRE AJONC. — *ULEX.*

Calice à deux grandes folioles, munies à leur base de deux
autres folioles très-petites; étamines monadelphes; gousses
excédant à peine le calice.

AJONC D'EUROPE. *U. europæus.* ♄.

Rameaux à sommités épineuses; feuilles linéaires, sessiles,
persistantes, se changeant en épines.

Cet arbrisseau est très-commun dans les landes de l'ouest
de la France, où il est souvent employé à la nourriture des
animaux domestiques, après avoir été préalablement écrasé.

GENRE GENÊT. — *GENISTA.*

Calice à deux lèvres, la supérieure à deux dents, l'inférieure à trois; ailes et carènes abaissées et écartées de l'étendard; graines réniformes.

Genêt des teinturiers. *G. tinctoria.* ♄.

Feuilles nombreuses, lancéolées, glabres ou légèrement velues sur leur bord; rameaux striés, verdâtres.

Ce sous-arbrisseau est très-commun dans les haies et sur le bord des bois; ses fleurs sont légèrement purgatives, et ses graines émétiques. Tous les bestiaux recherchent les jeunes pousses de cette plante.

Genêt d'Angleterre. *G. anglica.* ♄.

Tiges à épines jaunâtres au sommet; pédoncules non épineux; gousses terminées en pointe.

Les bestiaux mangent les jeunes pousses de cet arbrisseau, qui croît sur les coteaux arides et sablonneux des diverses contrées de la France.

Genêt d'Espagne. *G. hispanica.* ♄.

Épines vertes, rameuses, sur les tiges et les pédoncules; gousses garnies de poils qu'elles perdent à la maturité des graines.

On trouve cette espèce sur les coteaux pierreux des provinces méridionales.

Genêt purgatif. *G. purgans.* ♄.

Le sommet des tiges est garni, ainsi que le dessous des feuilles, d'un duvet soyeux; gousses velues.

Cette espèce, que quelques auteurs désignent encore par le nom de *spartium purgans*, croît dans les lieux montueux et découverts du midi de la France.

GENRE CYTISE. — *CYTISUS.*

Dans ce genre, très-voisin du précédent, la carène est

droite, et enveloppe complétement les organes sexuels; les gousses sont rétrécies à la base.

Cytise faux ébénier. *C. laburnum.* ♄.

Écorce verdâtre; feuilles à trois folioles oblongues, velues en dessous, et portées sur de longs pétioles; fleurs jaunes, en grappe pendante; gousses velues.

Cet arbre, dont les chèvres et les moutons mangent les feuilles avec avidité, habite les localités élevées du Midi.

GENRE MÉLILOT. — *MELILOTUS.*

Calice en cloche, à cinq dents; légume strié ou chagriné, dépassant un peu le calice; feuilles à trois folioles, dont la moyenne est pétiolée.

Mélilot officinal. *M. officinalis.* ♂.

Folioles dentées à leur partie supérieure; fleurs jaunes, en petites grappes pendantes; gousses ridées.

Cette plante, dont il existe une variété à fleurs blanches, est très-commune dans les prés. Ses fleurs, dont l'odeur est agréable, mais très-fugace, sont souvent employées pour préparer des collyres adoucissans.

Mélilot bleu ou de Sibérie. *M. cærulea.*

Fleurs bleues, en épis ovoïdes; folioles d'un vert pâle, et plus grandes que dans la première espèce.

Les fleurs de cette espèce sont beaucoup plus odorantes que celles du mélilot officinal; aussi leur infusion est-elle légèrement aromatique et excitante.

GENRE LUPIN. — *LUPINUS.*

Calice à deux lèvres entières ou dentées; étamines monadelphes; gousse épaisse, coriace; feuilles digitées.

Lupin blanc. *L. albus.* ☉.

Lèvre supérieure du calice entière, l'inférieure à trois lobes; gousse velue ; graines sphéroïdes.

Les graines de cette plante ont une saveur amère, qu'elles perdent lorsqu'on les soumet à l'action de l'eau bouillante. Réduites en poudre, elles servent quelquefois à préparer des cataplasmes résolutifs.

GENRE LUZERNE. — *MEDICAGO.*

Gousse aplatie, plus ou moins contournée, quelquefois réniforme.

Luzerne cultivée. *M. sativa.* ♃.

Fleurs de couleur variée, en grappes axillaires ; gousses lisses, contournées en limaçon.

Cette plante est cultivée pour la nourriture des bestiaux.

Luzerne en faucille. *M. falcata.* ♃.

Folioles tronquées ; gousse oblongue, courbée en forme de faucille.

Cette espèce croît dans les prairies sèches et élevées. Le fourrage qu'elle fournit est dur et de médiocre qualité.

Luzerne lupuline. *M. lupulina.* ♂.

Fleurs jaunes, portées sur des pédoncules axillaires ; gousses pubescentes, réniformes, monospermes.

Cette petite plante, très-commune sur les pelouses et dans les champs, est cultivée en grand pour la nourriture des moutons. Elle forme un fourrage vert et sec d'excellente qualité.

Luzerne orbiculaire. *M. orbicularis.* ☀.

Stipules découpées en lanières fines et nombreuses ; gousses cinq ou six fois contournées, représentant un disque orbiculaire plane.

Cette plante habite les contrées méridionales de la France.

Luzerne tachée ou d'Arabie. *M. maculata, sive arabica.* ☀.

Folioles chargées d'une tache obscure ; gousse armée sur le dos de deux rangs de crochets saillans, et roulée de manière à former une petite sphère.

Elle croît dans les lieux un peu humides.

GENRE TRÈFLE. — *TRIFOLIUM.*

Calice tubuleux, persistant, renfermant une gousse très-petite ; fleurs en tête ou en épi ; corolle quelquefois monopétale ; feuilles à trois folioles, insérées au sommet du pétiole.

Trèfle rampant, *T. repens.* ♃.

Tiges rampantes ; deux petites taches rouges sur la dent inférieure du calice.

Cette plante est commune dans les prairies et sur le bord des chemins. Elle forme un fourrage de bonne qualité et assez abondant, mais peu élevé.

Trèfle des prés. *T. pratense.* ♃.

Fleurs rouges, en tête arrondie, entourée de deux folioles formant une espèce d'involucre.

Cette espèce, très-commune dans les prairies un peu humides, est cultivée en grand pour les animaux domestiques,

auxquels elle fournit une alimentation de bonne qualité.
Donné en vert aux animaux, le trèfle détermine assez souvent des météorisations, dont on prévient le développement
en le mélangeant avec du fourrage sec.

TRÈFLE ROUGE. *T. rubens.* ♃.

Division inférieure du calice beaucoup plus longue que
les autres ; fleurs amaranthes, en épis oblongs et géminés ;
pétioles ailés et embrassans.

On le trouve dans les prés et sur le bord des bois.

TRÈFLE DES ALPES. *T. alpestre.* ♃.

Stipules étroites, velues ; la dent inférieure du calice
égale la corolle en longueur ; fleurs en têtes assez souvent
géminées.

TRÈFLE INCARNAT. *T. incarnatum.* ☉.

Tiges pubescentes ; divisions du calice très-aiguës ; fleurs
rouges, en épis cylindriques solitaires.

Cette plante, qui résiste très-bien à l'extrême sécheresse,
fournit un des fourrages les plus précoces et les plus recherchés par les bestiaux.

TRÈFLE DES GUÉRETS. *T. arvense.* ☉.

Dents du calice plus longues que la corolle ; épi cotonneux, grisâtre, d'abord ovale, puis alongé et cylindrique.

Cette espèce, très-commune dans les localités arides, est
refusée par les moutons.

TRÈFLE FRAISE OU FRAISIER. *T. fragiferum.* ♃.

Dans cette espèce, le calice se renfle et se hérisse après
la floraison ; ce qui donne à l'ensemble de la fleur l'aspect
de la fraise.

On la trouve dans les prairies sèches, et le long des routes. Elle fournit un fourrage peu abondant, mais d'assez bonne qualité.

TRÈFLE DES CAMPAGNES OU AGRAIRE. *T. agrarium.* ☉.

Fleurs jaunes, petites; les trois dents inférieures du calice plus longues que les autres.

On le trouve dans les prairies basses et humides.

TRÈFLE FILIFORME. *T. filiforme.* ☉.

Fleurs d'un jaune pâle, en tête globuleuse.

Cette espèce croît dans les terrains sablonneux.

TRÈFLE ÉTOILÉ. *T. stellatum.* ☉.

Calice dont les dents s'étalent en étoile après la floraison; stipules en coquille.

Il habite les lieux stériles des provinces méridionales.

TRÈFLE A INVOLUCRE OU DE CHERLER. *T. involucratum.* ☉.

Bractées grandes, tronquées, membraneuses, représentant un involucre.

On trouve cette plante dans les bois et les lieux maritimes du Midi.

TRÈFLE DES MONTAGNES. *T. montanum.* ♃.

Calice à divisions capillaires; étendard échancré; fleurs blanches.

On trouve cette espèce dans les pâturages élevés du Midi.

GENRE BUGRANE. — *ONONIS.*

Calice à cinq découpures linéaires inégales; etendard strié; étamines monadelphes; gousses renflées

BUGRANE ÉPINEUSE. *O. spinosa.* ♃.

Rameaux épineux dans leur vieillesse ; feuilles inférieures un peu visqueuses ; stipules faisant paraître les pétioles ailés.

Cette plante, dont la racine est amère et diurétique, donne une couleur orangée à l'urine des animaux qui s'en repaissent.

BUGRANE NATRIX. *O. natrix.* ♄.

Toute cette plante est chargée d'un duvet visqueux, et répand une odeur désagréable. Les fleurs sont jaunes.

Elle croît sur le bord des chemins et des bois. Ses propriétés sont les mêmes que celles de l'espèce précédente. Les vaches et les chèvres sont les seuls animaux qui la mangent.

GENRE TRIGONELLE. — *TRIGONELLA.*

Calice à divisions égales ; carène très-petite ; gousse alongée, pointue, droite ou falciforme.

TRIGONELLE FENU-GREC. *T. phœnum grœcum.* ☉.

Tige cannelée, un peu velue ; gousse terminée par une longue pointe conique.

Cette plante répand une odeur pénétrante et très-fixe lorsqu'elle est desséchée. Ses graines sont émollientes.

GENRE LOTIER. — *LOTUS.*

Ailes plus courtes que l'étendard, et rapprochées par le haut ; gousse portant quatre ailes ; stipules grandes.

Lotier siliqueux. *L. siliquosus.* ♃.

Fleurs solitaires, d'un jaune pâle, pourvues d'une bractée à trois folioles moins longues que le calice.

Cette plante croît dans les prairies humides, où elle fournit un assez bon fourrage.

Lotier corniculé. *L. corniculatus.* ♃.

Fleurs d'un jaune éclatant, disposées en ombelle au sommet d'un long pétiole.

Cette plante, très-commune partout, fournit un fourrage d'assez bonne qualité.

Lotier faux cytise. *L. cytisoïdes.* ☉.

Les divisions supérieures et inférieures du calice pointues et égales, les deux intermédiaires plus courtes et obtuses.

On trouve cette espèce dans les lieux maritimes et arides des contrées méridionales.

GENRE HARICOT. — *PHASEOLUS.*

Étendard réfléchi; carène, étamines et style contournés en spirale; graines à ombilic latéral.

Haricot commun. *P. vulgaris.* ☉.

Tige volubile; deux bractées étalées, plus courtes que le calice; gousse pendante.

Le haricot, originaire de l'Inde, est cultivé pour ses graines, dans lesquelles l'homme trouve une alimentation nourrissante et salubre.

HARICOT A BOUQUET. *Ph. coccineus.* ⊙.

Bractées appliquées; fleurs de couleur rouge écarlate; gousses courtes et renflées; graines purpurines.

Les semences de cette espèce jouissent des mêmes propriétés alimentaires que celles du haricot commun.

HARICOT NAIN. *P. nanus.* ⊙.

Tige peu élevée, non volubile; bractées plus grandes que le calice; gousses ridées.

On le cultive pour les mêmes usages que les espèces précédemment décrites.

GENRE RÉGLISSE. — *GLYCYRRHIZA.*

Calice bilabié; lèvre supérieure à quatre dents inégales, l'inférieure à une seule dent linéaire; carène à deux pétales distincts; gousse comprimée.

RÉGLISSE OFFICINALE OU GLABRE. *G. glabra.* ♃.

Feuilles à folioles un peu visqueuses; stipules excessivement petites; légume comprimé et glabre.

Cette plante est cultivée dans quelques provinces de la France pour sa racine, qui est fréquemment employée en médecine comme adoucissante, soit en décoction, soit en poudre, ou sous forme d'extrait.

RÉGLISSE HÉRISSÉE. *G. echinata.* ♃.

Espèce distincte de la précédente par ses stipules plus grandes, et ses gousses hérissées de pointes.

GENRE ROBINIER. — *ROBINIA.*

Calice à quatre dents très-petites; étendard arrondi; carène demi-orbiculaire; style barbu antérieurement.

Robinier faux acacia. *R. pseudacacia.* ♃.

Arbre à rameaux épineux, à fleurs blanches, en grappe, répandant une odeur très-agréable.

L'acacia est originaire de Virginie. Les feuilles de ses jeunes pousses sont mangées avec avidité par tous les animaux domestiques.

Robinier sans épines. *R. inermis.* ♃.

On le distingue du précédent par ses rameaux dépourvus d'épines.

Robinier visqueux. *R. viscosa.* ♃.

Fleurs roses; feuilles et rameaux recouverts d'un enduit visqueux.

GENRE BAGUENAUDIER. — *COLUTEA.*

Style barbu en dessus dans toute sa longueur ; stigmate crochu; gousses vésiculeuses, s'ouvrant à la maturité des graines.

Baguenaudier en arbre. *C. arborescens.* ♃.

Calice chargé de poils noirâtres couchés ; étendard marqué d'une raie rouge en forme de cœur.

Cet arbre est très-commun dans les provinces méridionales de la France. Ses feuilles jouissent de propriétés purgatives aussi actives que celles du cassia obvata, avec lesquelles on les mélange souvent dans le commerce.

GENRE ASTRAGALE. — *ASTRAGALUS.*

Carène obtuse; gousse divisée en deux loges par un repli de la suture inférieure des valves.

Astragale d'Autriche. *A. austriacus.* ♃.

Feuilles imparipinnées, à folioles linéaires, échancrées ou tronquées au sommet; fleurs violettes, en épi; gousse pubescente, pointue aux deux extrémités.

On trouve cette plante en Piémont et sur les hautes montagnes d'Auvergne.

Astragale a queue de renard. *A. alopecuroïdes.* ♃.

Tiges épaisses, striées, velues; fleurs jaunâtres, en épi serré.

Astragale réglisse. *A. glyciphyllos.* ♃.

Tiges couchées; fleurs pourvues de deux bractées linéaires; gousse triangulaire, un peu arquée; racine sucrée.

Cette plante, commune dans les bois et les prairies, est peu recherchée par les bestiaux.

Astragale de Montpellier. *A. monspesulanus.* ♃.

Sous-arbrisseau hérissé d'épines formées par les anciens pétioles qui s'endurcissent; gousse ovoïde, pubescente.

Cette plante des pays méridionaux se retrouve sur quelques coteaux élevés du nord-est de la France.

La substance adoucissante et nutritive connue sous le nom de *gomme adraganthe*, découle de plusieurs espèces d'astragales qui croissent dans les pays chauds.

GENRE GESSE. — *LATHYRUS.*

Style aplati supérieurement, coudé et velu dans sa partie antérieure; graines anguleuses ou globuleuses.

Gesse sans feuilles. *L. aphaca.* ☉.

Tige grimpante, sans feuilles; pétioles en vrilles simples

et tortillées ; stipules foliacées et semi - sagittées ; fleurs jaunes.

Elle croît abondamment dans les moissons des contrées méridionales. Sa présence dans la paille contribue à lui donner de la qualité.

GESSE CULTIVÉE. *L. sativus.* ☉.

Gousse portant deux ailes longitudinales sur le dos ; pétioles terminés en vrille rameuse.

Cette plante, dont la graine engraisse promptement les animaux, fournit un excellent fourrage.

GESSE CHICHE. *L. cicera.* ☉.

Cette espèce diffère de la précédente par sa gousse dépourvue d'ailes, mais fortement sillonnée sur le dos.

Elle croît dans les champs du midi de la France. On la cultive aussi comme fourrage dans quelques provinces de l'Ouest.

GESSE TUBÉREUSE. *L. tuberosus.* ♃.

Racine portant des tubercules de la grosseur d'une noisette ; folioles obtuses, surmontées d'une petite pointe.

Elle croît sur le bord des champs. Les bestiaux sont assez avides du fourrage qu'elle donne ; et les tubercules sucrés que portent ses racines sont très-recherchés par les cochons.

GESSE SAUVAGE. *L. sylvestris.* ♃.

Tige ailée, un peu grimpante ; vrilles trifides, quelquefois rameuses ; fleurs roses ou purpurines.

On trouve cette espèce dans les prairies et les bois élevés. Tous les bestiaux en sont friands.

Gesse a larges feuilles. *L. latifolius.* ♃.

Feuilles composées de folioles ovales, larges, nerveuses en dessous, et obtuses ou échancrées au sommet; fleurs roses.

Cette plante croît dans les prés couverts des contrées méridionales. Ses feuilles sont mangées par les bestiaux, et ses graines par la volaille; mais il n'en est pas de même des tiges, qui, étant grosses et dures, sont refusées par tous les animaux.

Gesse de marais. *L. palustris.* ♃.

Stipules aiguës, en demi-fer de flèche; folioles lancéolées, portées sur un pétiole qui se termine en vrille rameuse; fleurs bleuâtres.

Elle est mangée par tous les bestiaux.

GENRE POIS. — *PISUM.*

Style triangulaire, creusé en carène, et barbu en dessous; graines sphériques, à ombilic arrondi.

Pois cultivé. *P. sativum.* ☉.

Pédoncules multiflores; gousse coriace.

Le pois est cultivé pour sa graine, qui sert à la nourriture de l'homme. Il en existe plusieurs variétés.

Une connue sous le nom de *pois goulu*, fournit des légumes tendres et bons à manger.

Une deuxième variété, nommée *pois nain*, a une tige petite, non grimpante.

Une troisième enfin, qui est le *pois à bouquet*, et dont

les fleurs, grandes et belles, sont disposées en corymbe, est cultivée dans nos jardins comme plante d'ornement.

La purée de pois verts est quelquefois employée pour préparer des cataplasmes émolliens.

Pois des champs. *P. arvense.* ☼.

Pédoncules uniflores; folioles presque crénelées; fleurs violacées.

Cette espèce est cultivée comme plante fourrageuse, et plus rarement pour sa graine.

GENRE OROBE. — *OROBUS.*

Calice échancré profondément entre les deux dents supérieures; style linéaire; stigmate velu; graines à ombilic quelquefois linéaire.

Orobe printanière. *O. vernus.* ♃.

Racine rampante; tiges faibles; folioles très-grandes, ovales; fleurs purpurines.

Elle est commune dans les bois du midi de la France.

Orobe noir. *O. niger.* ♃.

Tiges fermes; folioles petites, d'un vert glauque. Toute cette plante noircit en se desséchant.

On la trouve dans les Pyrénées et les montagnes du Jura.

GENRE LENTILLE ou ERS. — *ERVUM.*

Calice à cinq lanières presque aussi longues que la corolle; stigmate glabre; gousse très-courte, rhomboïdale, contenant de deux à quatre graines.

Lentille commune ou cultivée. *E. lens.* ☼.

Tige un peu velue, anguleuse; pétioles communs, prolongés en vrille; étendard rayé de bleu; semences roussâtres.

Les graines de cette plante servent à la nourriture de l'homme. Réduites en pulpe, elles peuvent, comme les pois, être employées à préparer des cataplasmes émolliens.

LENTILLE A QUATRE GRAINES. *E. tctruspermum.* ☉.

Tige glabre; pétioles terminés en vrille rameuse; fleurs rougeâtres, pendantes; gousse à quatre graines.

Elle croît dans les moissons, le long des chemins et sur les collines.

GENRE CICHE ou CHICHE. — *CICER.*

Les quatre divisions supérieures du calice couchées sur l'étendard; gousse courte, velue, rhomboïdale, contenant deux graines globuleuses.

CICHE COMMUN OU TÊTE DE BÉLIER. *C. arietinum.* ☉.

Graines déprimées sur un ou plusieurs côtés.

Cette plante, de laquelle suinte, pendant les chaleurs, une grande quantité d'acide oxalique, est cultivée dans quelques contrées méridionales pour ses graines, qui servent d'aliment à l'homme.

GENRE ORNITHOPE. — *ORNITHOPUS.*

Carène très-petite; gousse grêle, arquée, longue, cylindrique, aiguë et articulée.

ORNITHOPE DÉLICAT. *O. perpusillus.* ☉.

Fleurs d'un jaune pâle, entourées d'une bractée; étendard rayé de rouge.

dehors; onglet des pétales beaucoup plus long que les divisions du calice; gousse subulée, à peine articulée.

On trouve cet arbrisseau dans les bois et les haies des
provinces méridionales.

Coronille bigarrée. *C. varia.* ☉.

Fleurs en couronne, mélangées de rose, de blanc et de
violet.

Cette espèce, très-commune dans les prairies élevées et
arides, fournit un fourrage peu recherché par les bestiaux.

GENRE SAINFOIN. — *HEDYSARUM.*

Calice persistant; carène transversalement obtuse; gousse
comprimée, à articulations orbiculaires et monospermes.

Sainfoin a bouquet. *H. coronarium.* ♃.

Feuilles à folioles ovales, un peu velues à leurs bords, la
foliole terminale plus grande que les autres; gousse garnie
sur ses faces de tubercules saillans, presque épineux.

Cette plante est employée avec avantage à la nourriture
des bestiaux dans le Piémont.

Sainfoin commun ou cultivé. *H. onobrichis, sive sativa.* ♃.

Gousses ridées, uniloculaires, monospermes, hérissées
d'aspérités aiguës.

Cette espèce, que quelques auteurs font appartenir à un
genre particulier qu'ils nomment *esparcelle*, croît naturellement sur les collines et dans les pâturages secs. Cultivée
en prairies artificielles, elle fournit un fourrage sain et
abondant.

Propriétés générales des Légumineuses.

Les Légumineuses fournissent des produits extrêmement précieux à la thérapeutique, aux arts et à l'économie domestique. Ainsi, nous trouvons des médicamens purgatifs plus ou moins énergiques dans les feuilles et les fruits d'un grand nombre d'espèces, tandis que d'autres, non moins nombreuses, contiennent des principes astringens ou toniques, soit dans leur fruit, soit dans leur écorce. Quelques Légumineuses sont aromatiques et excitantes, tandis que d'autres sont mucilagineuses, sucrées et adoucissantes. Des baumes, des gommes et des résines fréquemment employés en médecine, découlent de plusieurs végétaux appartenant à cette intéressante famille qui fournit encore des principes colorans très-précieux, et des alimens très-nourrissans pour l'homme et les animaux.

LES TÉRÉBENTHACÉES.

Plantes dicotylédones, polypétales, périgynes.

Fleurs le plus souvent hermaphrodites ; calice monophylle, partagé ; corolle à plusieurs pétales ou nulle ; étamines en nombre égal ou double des parties de la corolle ou du calice ; stigmate simple ou partagé ; fruit différent suivant les genres ; feuilles alternes, sans stipules.

GENRE SUMAC. — *RHUS.*

Calice à cinq divisions ; corolle de cinq pétales ; cinq étamines ; trois stigmates ; une drupe monosperme.

Sumac des corroyeurs. *R. coriaria.* ♄.

Rameaux couverts d'un duvet roussâtre; feuilles ailées, à folioles velues, dentées; fleurs blanchâtres, en panicule très-serrée.

Toutes les parties de cet arbrisseau, qui croît dans les lieux secs et pierreux du Midi, jouissent d'une astringence très-prononcée.

Sumac vénéneux. *R. toxicodendron.* ♄.

Feuilles formées de trois folioles pubescentes, très-entières.

Cet arbrisseau contient un suc blanchâtre tellement âcre et caustique, qu'il suffit de le toucher pour en ressentir les funestes effets, et même de rester quelque temps exposé aux émanations qui s'en dégagent pendant la nuit, ou lorsqu'il est exposé à l'ombre.

GENRE NOYER. — *JUGLANS.*

Fleurs monoïques; corolle nulle; fleurs mâles en chaton écailleux; fleurs femelles solitaires dans des bourgeons à écailles caduques; stigmate en massue. Le fruit est une drupe sèche appelée noix.

D'après quelques auteurs, ce genre forme le type d'une nouvelle famille, qu'ils désignent sous le nom de *juglandées.*

Noyer commun. *J. regia.* ♄.

Feuilles articulées, composées de sept à neuf folioles ovales entières; fruit sillonné; amande blanche, diversement bosselée.

Le fruit de cet arbre contient une grande quantité d'huile grasse, que l'on en retire par divers procédés.

Les résidus de la fabrication d'huile de noix sont employés

à la nourriture des porcs; mais il est d'observation que si l'on termine l'engraissement de ces animaux avec ces résidus, leur lard prend l'odeur et la saveur du poisson pourri.

Propriétés générales des Térébenthacées.

C'est à la grande quantité des matières résineuses que contiennent les plantes de cette famille qu'il faut attribuer les propriétés stimulantes dont elles jouissent.

LES RHAMNÉES ou FRANGULACÉES.

Plantes dicotylédones, polypétales, périgynes.

Calice monophylle, divisé; corolle rarement nulle, composée d'un nombre de pétales égal aux divisions du calice; autant d'étamines que de pétales; ovaire simple, entouré par le disque glanduleux du calice; un ou plusieurs styles; une baie ou une capsule à plusieurs loges; graines à endosperme charnu; feuilles constamment simples et accompagnées de stipules.

GENRE FUSAIN. — *EVONYMUS.*

Calice muni en dedans d'un disque scutiforme, chaque étamine portée sur une glande saillante au-dessus du disque; capsule à cinq loges, cinq valves; semences revêtues d'une tunique colorée.

FUSAIN D'EUROPE OU COMMUN. *E. europæus.* ♄.

Rameaux légèrement quadrangulaires; capsule d'un rouge vif, à quatre ou cinq angles, contenant quatre ou cinq semences entourées d'une pulpe colorée.

On trouve cet arbrisseau dans les haies et les bois; son écorce est amère; ses fruits sont âcres et légèrement émétiques.

GENRE NERPRUN. — *RHAMNUS.*

Calice et corolle à quatre ou cinq divisions; autant d'étamines; deux à quatre stigmates; baie contenant de deux à quatre graines pourvues d'un ombilic cartilagineux et saillant.

NERPRUN CATHARTIQUE OU PURGATIF. *R. catharticus.* ♄.

Rameaux piquans à leur sommet; feuilles ovales, finement dentées, à nervures parallèles; baies noires; fleurs dioïques.

La pulpe qui enveloppe les graines de cet arbrisseau sert à préparer un sirop fréquemment employé pour purger les chiens.

GENRE HOUX. — *ILEX.*

Calice petit, à quatre dents; corolle à quatre pétales soudés par la base; quatre étamines; quatre stigmates; baie arrondie.

HOUX ÉPINEUX OU COMMUN. *I. aquifolium* ♄.

Feuilles ondulées, lisses, coriaces, persistantes et hérissées d'épines; baie rouge.

Les feuilles de houx ont une saveur amère très-marquée, et les fruits sont purgatifs.

Propriétés générales des Rhamnées.

Les fruits de toutes les Rhamnées sont âcres et purgatifs; le jujubier est le seul végétal de ce groupe dont les fruits soient mucilagineux, doux et sucrés.

EUPHORBIACÉES.

Plantes dicotylédones, apétales, diclines.

Fleurs mono, ou dioïques, rarement hermaphrodites ; calice souvent double, à plusieurs divisions, dont les intérieures sont pétaloïdes ; étamines en nombre variable, souvent articulées dans le milieu. Le fruit se compose d'autant de coques qu'il y a de styles : elles sont bivalves, et s'ouvrent avec élasticité ; graines à endosperme charnu.

GENRE MERCURIALE. — *MERCURIALIS.*

Fleurs dioïques ; périgone des femelles et des mâles à trois parties : les fleurs femelles ont deux styles bifurqués et un ovaire entouré par deux filamens stériles.

MERCURIALE VIVACE. *M. perennis.* ♃.

Tiges rudes au toucher, ainsi que les feuilles, qui sont d'un vert obscur, et chargées de poils courts ; fleurs verdâtres.

Cette plante, que l'on trouve dans les bois, est refusée par tous les bestiaux.

MERCURIALE ANNUELLE. *M. annua.* ☉.

Tige lisse ; feuilles glabres, d'un vert clair ; fleurs d'un vert jaunâtre ; les femelles axillaires et sessiles.

Cette plante, très-commune, cause le pissement de sang aux animaux qui s'en repaissent.

GENRE EUPHORBE. — *EUPHORBIA.*

Fleurs monoïques, renfermées dans un involucre monophylle, à plusieurs lobes, dont quatre à cinq extérieurs colorés et charnus ; étamines à filamens articulés dans le milieu.

Toutes les espèces de ce genre possèdent des propriétés malfaisantes.

EUPHORBE RÉVEILLE-MATIN. *E. helioscopia.* ⊙.

Feuilles spatulées, moins grandes que les bractées qui ont la même forme.

Cette plante est très-commune partout.

EUPHORBE DES BLÉS. *E. segetalis.* ⊙.

Feuilles linéaires; bractées cordiformes; divisions externes de l'involucre au nombre de quatre, terminées chacune par deux cornes aiguës.

Elle croît dans le midi de la France, au milieu des moissons.

EUPHORBE ÉPURGE. *E. lathyris.* ⊙.

Feuilles sessiles, lancéolées, glauques, opposées et placées sur quatre rangs.

Cette plante, que l'on trouve dans les lieux cultivés et sur le bord des chemins, est un purgatif des plus violens, dont on ne doit faire usage qu'avec la plus grande circonspection.

EUPHORBE DES BOIS. *E. Sylvatica.* ♄.

Feuilles et tiges velues; chaque paire de bractées réunie en une seule perfoliée.

On trouve cette plante sur le bord des bois.

EUPHORBE DES MARAIS. *E. palustris.* ♃.

Rameaux rougeâtres; feuilles avec une nervure blan-

che ; bractées arrondies, jaunâtres ; capsules verruqueuses.

Elle croît dans les marais et sur le bord des courans
d'eau.

EUPHORBE CYPRÈS. *E. cyparissias.* ♃.

Feuilles étroites, linéaires ; divisions externes de l'involucre en forme de croissant ; capsule légèrement chagrinée
sur les angles.

Elle est commune dans les lieux secs et stériles.

EUPHORBE OFFICINALE. *E. officinarum.* ♃.

Tige à douze ou dix-huit angles armés d'aiguillons géminés ; point de feuilles.

C'est de cette espèce, qui croît en Afrique, que l'on retire
un suc purgatif d'une extrême âcreté.

GENRE BUIS. — *BUXUS.*

Fleurs monoïques ; périgone à quatre parties : les mâles
entourées à leur base d'une écaille à deux lobes ; quatre étamines ; fleurs femelles, trois petites écailles ; capsule à trois
cornes.

BUIS TOUJOURS VERT. *B. semper virens.* ♄.

Rameaux tétragones ; feuilles ovales, coriaces, persistantes ; fleurs jaunâtres, en paquets axillaires.

Les feuilles de buis ont une saveur amère, et sont légèrement laxatives. La râpure des racines et des tiges peut servir
à préparer des breuvages sudorifiques.

GENRE RICIN. — *RICINUS.*

Fleurs monoïques ; fleurs mâles ; étamines nombreuses, à
filamens réunis à la base en plusieurs faisceaux ; calice à cinq

14.

divisions; fleurs femelles, calice à trois ou cinq parties; capsule tricoque.

RICIN COMMUN. *R. communis.* ♂.

Feuilles palmées, à lobes pointus et dentés; fleurs mâles à la base des fleurs femelles; fruit épineux.

L'huile grasse que l'on retire des graines de cette plante est un purgatif fréquemment employé dans la médecine de l'homme.

Propriétés générales des Euphorbiacées.

Presque toutes les plantes de cette famille, si l'on en excepte quelques espèces de *croton*, principalement celle qui fournit la *cascarille*, et l'arbre du genre *hevea*, qui produit la résine élastique connue sous le nom de *caoutchouc*, contiennent un suc laiteux qui les rend âcres, essentiellement purgatives, caustiques et vénéneuses.

LES URTICÉES.

Plantes dicotylédones, apétales, diclines.

Fleurs mono, ou dioïques, rarement hermaphrodites; calice monophylle, divisé. Fleurs mâles; étamines définies. Fleurs femelles; ovaire uniloculaire, monosperme; deux stigmates; semence nue ou couverte par le calice, et dépourvue d'endosperme.

GENRE FIGUIER. — *FICUS.*

Fleurs monoïques; réceptacle commun, ombiliqué au sommet.

Figuier commun. *F. carica.* ♄.

Feuilles rudes, palmées, à cinq lobes obtus.

Les figues fraîches sont adoucissantes et légèrement laxatives.

GENRE BROUSSONNET. — *BROUSSONNETIA.*

Fleurs dioïques; les mâles en chaton cylindrique; quatre étamines; les femelles en chaton sphérique.

Broussonnet a papier. *B. papyrifera.* ♄.

Feuilles velues, de diverse forme, les unes à plusieurs lobes, les autres entières d'un côté et lobées de l'autre.

Cet arbre est originaire de la Chine et du Japon, où l'écorce de ses jeunes rameaux sert à faire du papier.

GENRE ORTIE. — *URTICA.*

Fleurs mono, ou dioïques; fleurs mâles en grappe; fleurs femelles, le plus ordinairement disposées de la même manière; stigmate velu; semence recouverte par le calice qui est persistant.

Ortie brulante. *U. urens.* ☉.

Tige peu élevée, souvent traînante; feuilles ovales, pointues, dentées.

Toutes les parties de cette plante sont recouvertes de poils dont la piqûre détermine une douleur cuisante. Cet effet devant être attribué au fluide irritant que ces poils portent dans les tissus, il est nul lorsque l'ortie est desséchée. Le cheval et le bœuf mangent cette plante avec avidité, et sans qu'il en résulte le moindre accident.

ORTIE DIOÏQUE. *U. dioïca.* ♃

Tige plus élevée que dans l'espèce précédente; feuilles cordiformes, dentées, hispides.

Tout ce que nous avons dit de l'ortie brûlante s'applique sans aucune restriction à cette espèce.

GENRE PARIÉTAIRE. — *PARIETARIA.*

Ce genre diffère des orties par les fleurs polygames, réunies dans un involucre à plusieurs folioles, et par les étamines qui sont à filamens élastiques.

PARIÉTAIRE OFFICINALE. *P. officinalis.* ♃

Tige cylindrique, rougeâtre, cassante; feuilles ovales, entières, velues; fleurs en groupes axillaires.

Cette plante contient une assez grande quantité de nitre qui la rend diurétique.

GENRE HOUBLON. — *HUMULUS.*

Fleurs dioïques; fleurs mâles; calice à cinq parties; cinq étamines; fleurs femelles réunies en cônes composés d'écailles persistantes, concaves, entre lesquelles on trouve les fruits.

HOUBLON GRIMPANT OU ORDINAIRE. *H. lupulus.* ♃

Tiges anguleuses, rudes, grimpantes; feuilles simples ou divisées, dont les pétioles portent deux aiguillons; fleurs mâles en grappe ; étamines dorées; fleurs femelles en cônes écailleux, jaunâtres.

Les cônes écailleux, qui sont les parties employées, ont une saveur amère très-forte; aussi leur décoction est-elle souvent prescrite comme tonique.

GENRE CHANVRE. — *CANNABIS.*

Fleurs dioïques; fleurs femelles; périgone ovoïde, fendu d'un côté; akène globuleux.

Chanvre cultivé. *C. sativa.* ☉.

Feuilles palmées, à cinq ou sept folioles dentées; fleurs mâles en grappe terminale; fleurs femelles rassemblées par paquets sessiles.

Cette plante, originaire d'Orient, est cultivée en Europe pour ses graines qui fournissent une huile grasse employée à l'éclairage, et pour ses tiges, dont les fibres servent à fabriquer différens tissus.

Propriétés générales des Urticées.

Parmi les végétaux qui composent cette famille, les uns contiennent un suc propre, blanc, plus ou moins âcre, et fournissent en même temps des fruits charnus, doux et nourrissans, tandis que les autres renferment un principe narcotique. La plupart des Urticées sont en outre très-propres à faire des tissus, par la souplesse et la résistance que présentent leurs fibres.

LES AMENTACÉES.

Plantes dicotylédones, apétales, diclines.

Fleurs mono, ou dioïques, quelquefois hermaphrodites. Fleurs mâles disposées en chaton, composées d'écailles staminifères ou d'un périgone monophylle qui porte les écailles et les étamines. Celles-ci sont en nombre variable, presque toujours distinctes.

Fleurs femelles solitaires, fasciculées ou en chaton, avec une écaille ou un périgone monophylle ; style simple ou multiple ; ordinairement plusieurs stigmates ; semences nues ou renfermées dans un péricarpe de nature variable ; embryon sans périsperme.

GENRE SAULE. — *SALIX*.

Chatons imbriqués d'écailles uniflores, à la base desquelles on remarque une petite languette ou corpuscule glanduleux tronqué ; graines aigrettées.

Saule blanc. *S. alba.* ♄.

Arbre à écorce grise, à feuilles lancéolées, dentées et soyeuses en dessous.

L'écorce de presque toutes les espèces de saule est un médicament amer et astringent qui peut remplacer avantageusement le quinquina dans le traitement des fièvres intermittentes.

GENRE PEUPLIER. — *POPULUS*.

Chatons composés d'écailles laciniées ; fleurs mâles ; périgone tronqué ; huit à trente étamines ; capsule à deux valves, dont les bords rentrans semblent former deux loges.

Peuplier noir. *P. nigra.* ♄.

Bourgeons jaunâtres, recouverts d'un enduit résineux, odorant ; feuilles deltoïdes dentées.

Les bourgeons de cet arbre entrent dans la préparation de l'onguent populéum.

GENRE BOULEAU. — *BETULA*.

Fleurs monoïques en chatons imbriqués d'écailles rapprochées trois à trois dans les mâles, et à trois lobes dans les femelles ; l'enveloppe de la graine est membraneuse sur les bords.

Bouleau blanc. *B. alba.* ♄.

Écorce pourvue d'un épiderme blanc et satiné. Les écailles des fleurs femelles ont la forme d'un trèfle.

Les feuilles et l'écorce de bouleau ont une saveur astringente et amère.

GENRE CHATAIGNIER. — *CASTANEA*.

Fleurs monoïques ; les mâles en chatons alongés, ayant un périgone à six divisions, cinq à vingt étamines ; fleurs femelles réunies dans un involucre à quatre lobes épineux en dehors ; graines farineuses.

Chataignier commun. *C. vulgaris.* ♄.

Feuilles glabres, luisantes, bordées de dents ; semences brunes et luisantes.

Les fruits du châtaignier sont employés avec avantage à l'engraissement des porcs dans certaines provinces de l'Ouest.

GENRE HÊTRE. — *FAGUS*.

Ce genre diffère du précédent par ses fleurs mâles, en chatons globuleux, par ses capsules coriaces, hérissées de pointes molles, et ses graines huileuses.

Hêtre des forêts. *F. sylvatica.* ♄.

Écorce d'un blanc cendré ; feuilles lisses et luisantes en dessus, pubescentes en dessous ; fruits triangulaires.

L'amande que contient le fruit de ce bel arbre fournit une huile grasse, qui est employée comme assaisonnement.

GENRE CHÊNE. — *QUERCUS.*

Le fruit est un gland dont la base est logée dans une capsule écailleuse.

Chêne liége. *Q. suber.* ♄.

Écorce spongieuse, crevassée, connue sous le nom de liége.
Cet arbre croît dans le Midi.

Chêne commun. *Q. robur.* ♄.

Feuilles découpées en lobes obtus et irréguliers.

L'écorce de chêne, d'une saveur astringente très-prononcée, est employée pour tanner les cuirs, lorsqu'elle a été desséchée et réduite en poudre.

Propriétés générales des Amentacées.

L'écorce de la plupart des Amentacées est amère ; astringente et tonique ; les fruits sont farineux, sucrés ou huileux.

LES CONIFÈRES.

Plantes dicotylédones, apétales, diclines.

Fleurs mono, ou dioïques ; fleurs mâles ordinairement en chaton, munies chacune d'une écaille ; étamines en nombre variable, distinctes ou monadelphes ; fleurs femelles solitaires, quelquefois rapprochées en tête ou disposées en cône, et recouvertes d'écailles imbriquées ; ovaire simple ou multiple ; amande formée d'un endosperme charnu, renfer-

mant un embryon à un ou plusieurs cotylédons ;
feuilles persistantes.

GENRE IF. — *TAXUS.*

Fleurs mâles ; huit ou dix étamines monadelphes, à anthères scutiformes ; fleurs femelles ; style nul ; stigmate concave ; drupe charnue, renfermant un noyau à une seule
graine.

IF COMMUN. *T. baccata.* ♄.

Feuilles linéaires, disposées en peigne ; fruit rouge, perforé au sommet.

Des expériences nombreuses, faites à l'école d'Alfort, ont
prouvé que les feuilles de cet arbre sont un poison très-actif
pour tous les herbivores domestiques.

GENRE GENÉVRIER. — *JUNIPERUS.*

Fleurs presque toujours dioïques ; les mâles en chatons
ovoïdes, munies d'écailles verticillées et scutiformes ; fleurs
femelles en chatons globuleux ; stigmate béant ; fruit composé de trois cariopses osseux, monospermes.

GENÉVRIER COMMUN. *J. communis.* ♄.

Baies globuleuses, noirâtres à la maturité ; feuilles étroites,
aiguës, piquantes et concaves d'un côté.

Les baies de genièvre sont toniques et stimulantes.

GENÉVRIER SABINE. *J. sabina.* ♄.

Feuilles plus petites que dans l'espèce précédente, et appliquées sur les rameaux ; baies de couleur bleuâtre.

La poudre des feuilles de sabine est un médicament très-
irritant, dont l'administration à haute dose produit l'avor-
tement, et souvent d'autres accidens très-graves.

GENRE PIN. — *PINUS.*

Fleurs monoïques ; chatons mâles en grappes terminales, composés d'écailles imbriquées en spirale, et dilatées au sommet ; chatons femelles, composés d'écailles pointues. Après la floraison, les écailles intérieures s'accroissent, prennent la forme de massue, et présentent un ombilic à leur sommet qui est devenu anguleux. A leur base sont deux cariopses osseux, recouverts d'une membrane ; embryon divisé en plusieurs lobes palmés. Les feuilles naissent, deux ou plusieurs ensemble, d'une gaîne.

PIN PINIER OU PIGNON. *P. pineà.* ♄.

Cônes ovales, rougeâtres.

De cet arbre découlent des substances résineuses identiques à celles fournies par l'espèce suivante.

PIN MARITIME. *P. maritima.* ♄.

Cônes pyramidaux, d'un jaune luisant.

C'est de cette espèce de pin que l'on retire principalement les substances résineuses connues sous les noms de thérébenthine, de caléphone, d'arcanson, de braie, de goudron.

GENRE SAPIN. — *ABIES.*

Les sapins diffèrent des pins par leurs chatons mâles, solitaires et non réunis en grappes, par les écailles de leur cône qui ne sont ni épaissies, ni anguleuses, ni ombiliquées sur le dos, et par leurs feuilles qui sont solitaires.

SAPIN COMMUN OU EN PEIGNE. *A. picea,* *sive pectinata.* ♄.

Feuilles planes, blanchâtres en dessous, obtuses ou échancrées au sommet, et disposées de côté et d'autre sur deux rangées: la pointe des cônes est dirigée vers le ciel.

Les sapins fournissent des substances résineuses qui ont les mêmes propriétés que celles qui découlent des pins.

GENRE MÉLÈZE. — *LARIX.*

Les mélèzes diffèrent des pins et des sapins par leurs cotylédons non lobés, par leurs feuilles fasciculées, par les écailles de leur cône, qui ne sont point épaissies au sommet, et par les écailles du chaton femelle que termine une pointe formée par un prolongement de la nervure médiane.

Mélèze d'Europe. *L. europæa.* ♄.

Feuilles linéaires, pointues, molles et caduques, fasciculées à l'époque de leur développement, puis solitaires et disposées en double spirale; fleurs femelles en cône ovoïde, d'un beau rouge pendant la floraison.

C'est de ce bel arbre, qui couronne les Hautes-Alpes, que découle la térébenthine dite de Venise.

Propriétés générales des Conifères.

Les plantes de cette famille sont des arbres ou des arbrisseaux, dont les sucs propres, généralement résineux, sont employés, sous diverses formes, en médecine et dans les arts.

FIN.

TABLE DES MATIÈRES.

FIN DE LA TABLE.